CURSO DE ELECTROCARDIOGRAFÍA CLÍNICA

CASOS PRÁCTICOS

Jose Callao Buatas

Elena Lacruz Lopez

ISBN 978-1-326-54242-9

Título: Curso de electrocardiografía clínica
Casos prácticos

Autores:
J. Callao Buatas,
E. Lacruz López,

Idioma: Castellano

Lulu Publishing

Impreso en España.

"El tiempo es la mejor medicina"
Cicerón

CURSO DE ELECTROCARDIOGRAFÍA CLÍNICA

CASOS PRÁCTICOS

Ritmos de parada cardíaca: Asistolia, FV, TV sin pulso, DEM.

ECG en alteraciones hidroelectrolíticas: Hiper e hipo potasemia, hiper e hipo calcemia, hiper e hipo magnesemia

ECG en alteraciones farmacológicas: alteraciones producidas por la digoxina

ECG en situaciones especiales: hipotermia

Las "5H y las 5T"

En toda situación de parada cardiorrespiratoria o síncope, debemos recordar la regla de las 5H y las 5T, ya que nos permitirá diagnosticar y tratar las principales causas de parada cardiorrespiratoria

---

" 5H – 5T "

Hipovolemia = Reponer volumen.

Hipoxia = Ventilación.

H+ (Acidosis) = **HCO3Na** 1 mEq / kg

Hipo / Hiperpotasemia = **HCO3Na, Seguril, Glucobionato Cálcico, Ventolín**

Hipotermia (Tratamiento específico)

Taponamiento Cardíaco = Pericardiocentesis.

Neumotórax a Tensión = Descompresión.

TEP masivo = Fibrinolíticos.

Trombosis coronaria = IAM masivo (Tratamiento específico).

"Tabletas" (Fármacos).

Alteraciones del ritmo cardiaco

Dentro de este capítulo vamos a tratar las siguientes alteraciones:
1) Taquicardia Ventricular Monomorfa
2) Torsade de Pointes y Taquicardia Ventricular Polimorfa
3) Taquicardia ventricular sin pulso y Fibrilación ventricular
4) Actividad eléctrica sin pulso o Disociación electromecánica
5) Asistolia

Taquicardia Ventricular Monomorfa

MANIFESTACIONES CLÍNICAS:

Puede ser asintomática, si bien se suelen observar síntomas de disminución del volumen minuto cardiaco (ortostatismo, hipotensión, síncope...)

Si no se trata, y es sostenida, se deteriora a TV inestable y, a menudo, FV

CAUSAS:

Isquemia miocárdica, fenómeno R sobre T, prolongación del QT (tricíclicos, procainamida, digoxina...)

ECG:

Frecuencia Ventricular 120-250x´

No se suelen observar ondas "p", aunque estan presentes.

Hay una disociación AV

Complejo QRS ancho (> 0.12 segundos)

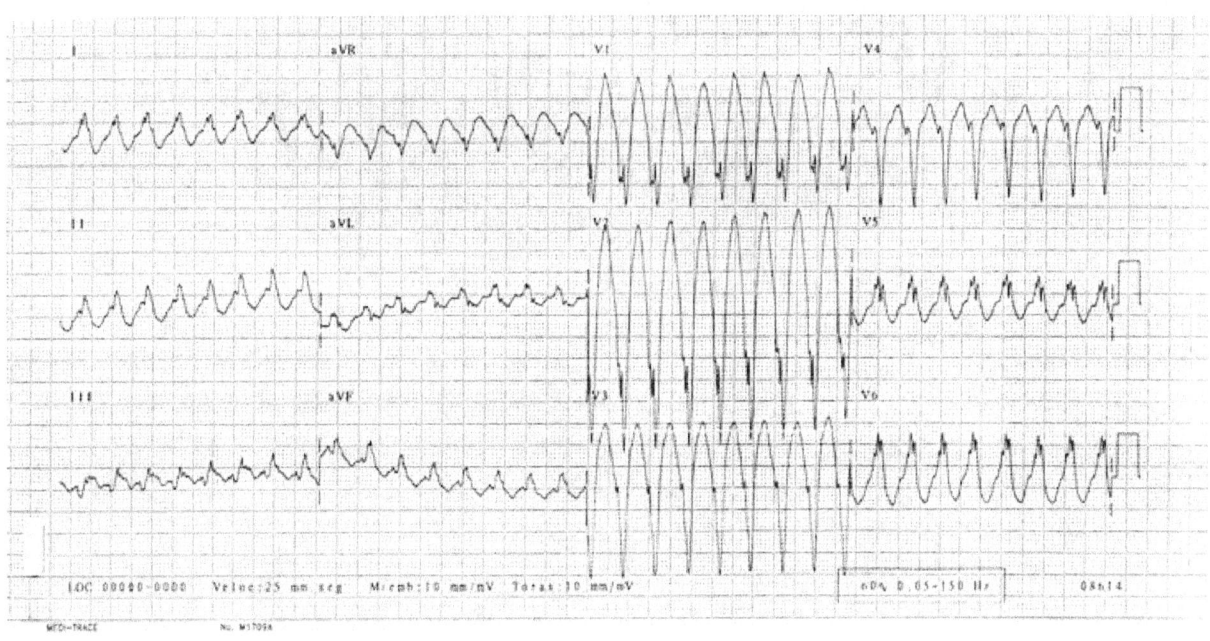

Torsade de Pointes y TV Polimorfa

MANIFESTACIONES CLÍNICAS:

Síntomas por disminución del volumen- minuto (ortostatismo, hipotensión, sincope…)

Pasan rápidamente a TV sin pulso o FV

CAUSAS:

Fármacos (tricíclicos, procainamida, digoxina…), prolongación del intervalo QT, isquemia aguda, alteraciones electrolíticas (hipomagnesemia)

ECG:

Frecuencia ventricular a 120-250x´

Disociación AV, con "p" no visible

Complejos QRS variables (patrón huso-nudo en Torsade)

Torsade de Pointes

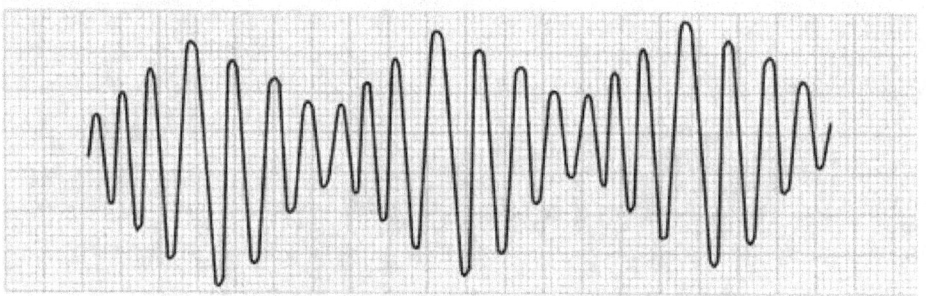

Ejemplo de Torsade autolimitada:

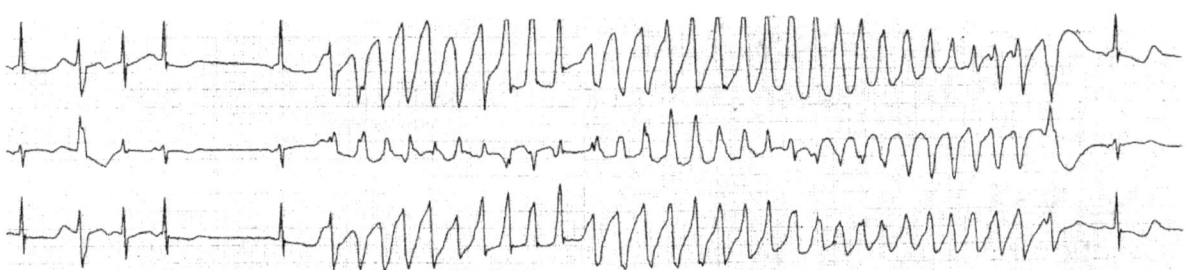

TV y FV sin pulso

MANIFESTACIONES CLÍNICAS:

Desaparición del pulso, con síncope- inconsciencia, comienzo de la "muerte reversible"

CAUSAS:

Isquemia miocárdica, TV estable previa no tratada, 5"H" (Hipovolemia, Hipoxia, Hidrogeniones –Acidosis-, Hiper-Hipopotasemia, Hipotermia), 5"T" (Tabletas -fármacos-, Taponamiento cardiaco, Neumotórax a Tensión, Trombosis coronaria, TEP), QT largo…

ECG:

FV: No hay ondas "p", "QRS" ni "T" reconocibles. Fina si amplitud pico-valle < 5mm

TV: QRS ancho con frecuencia > 120x´

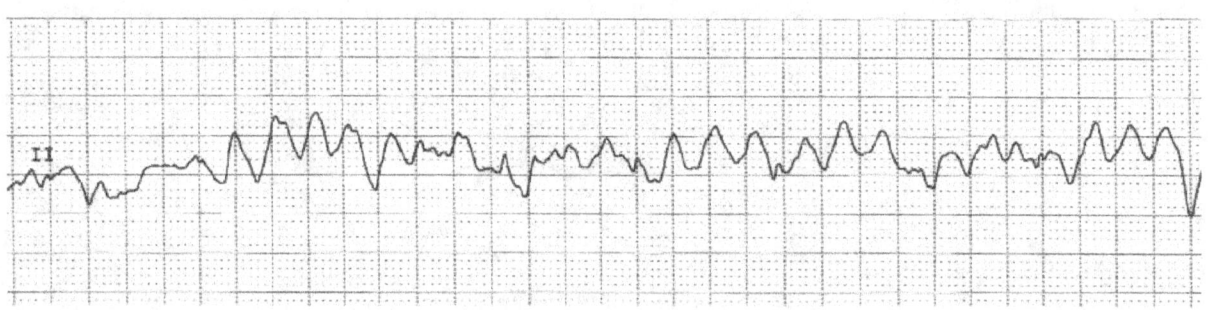

Ejemplo de <u>Fibrilación Ventricular</u> con desfibrilacion electrica

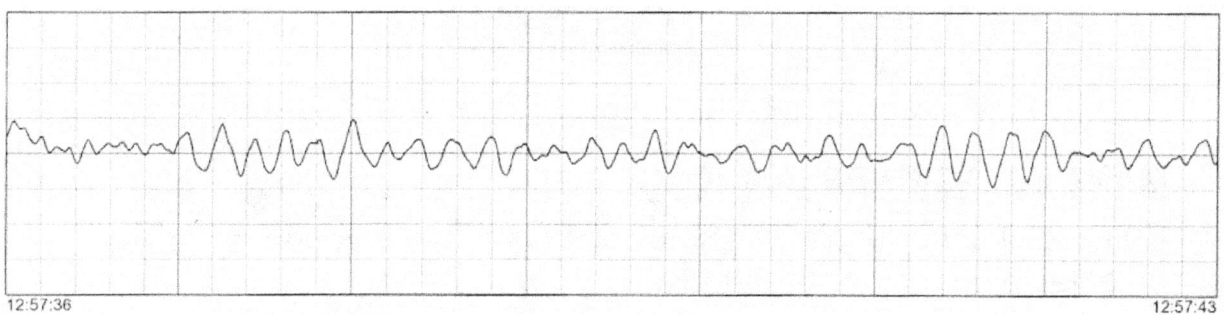

12:57:36   12:57:43

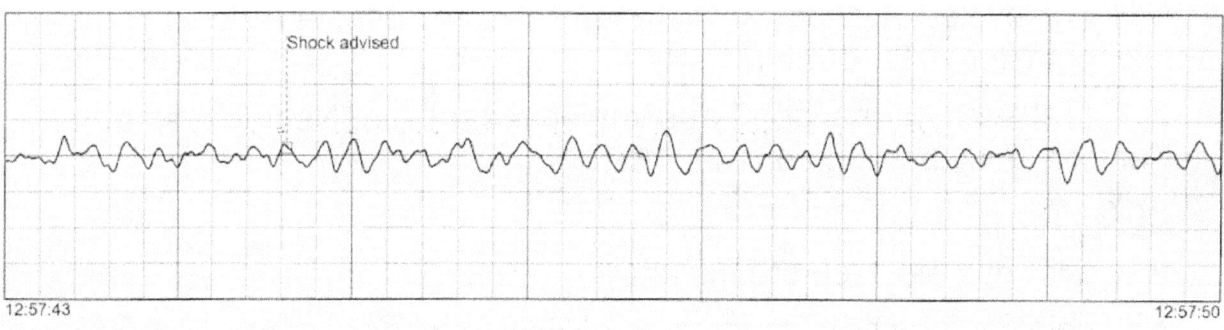

12:57:43   12:57:50

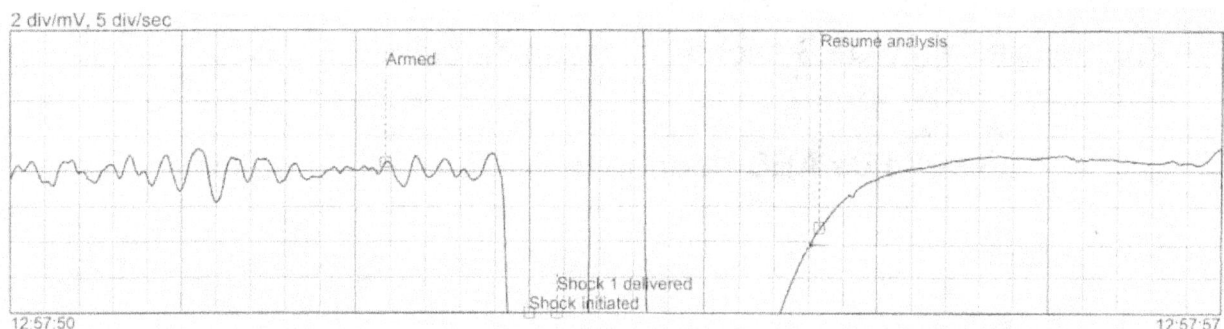

12:57:50   12:57:57

Actividad Eléctrica Sin Pulso (AESP)

MANIFESTACIONES CLÍNICAS:

Colapso, inconsciencia, respiraciones agónicas o apnea, sin pulso detectable por palpacion arterial

CAUSAS:

5"H" (Hipovolemia, Hipoxia, Hidrogeniones –Acidosis-, Hiper-Hipopotasemia, Hipotermia)

5"T" (Tabletas -fármacos-, Taponamiento cardiaco, Neumotórax a Tensión, Trombosis coronaria, TEP)

ECG:

Hay actividad eléctrica organizada

No suele ser tan organizada como el Ritmo sinusal normal

Frecuencia alta y QRS estrecho---> causa extracardiaca

Frecuencia baja y QRS ancho---> causa cardiaca

Ejemplo de AESP con masaje Cardiaco simultaneo

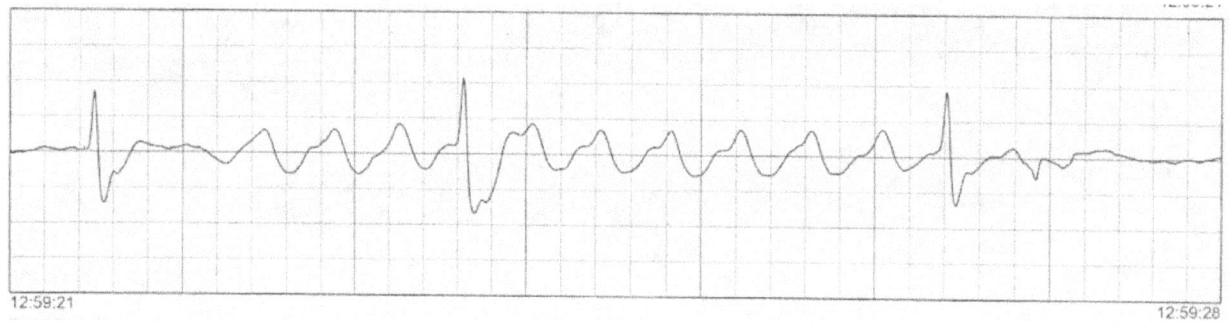

12:59:21   12:59:28

Asistolia

MANIFESTACIONES CLÍNICAS:

Colapso, inconsciencia, respiraciones agónicas o apnea, sin pulso detectable por palpación arterial

CAUSAS:

Muerte, hipoxia, isquemia, electrocución

ECG:

No se observa ninguna actividad ventricular o esta es menor a 6x´

Se puede observar alguna onda "p" ocasionalmente

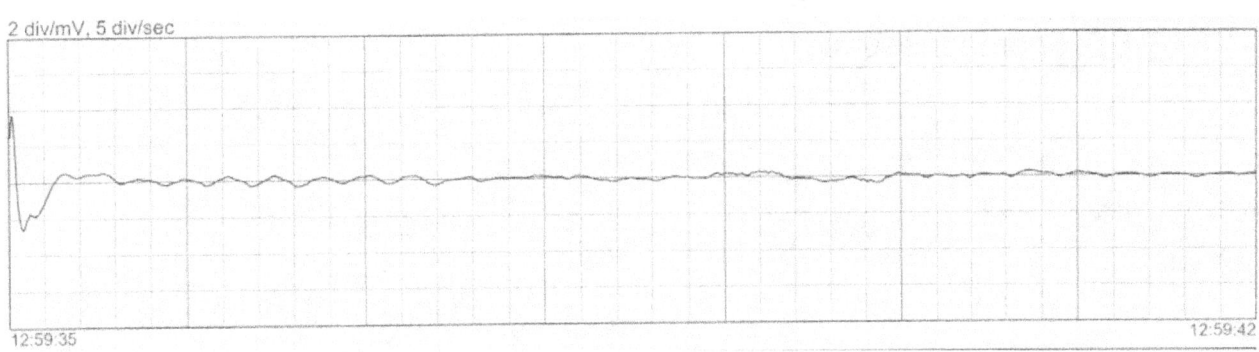

2 div/mV, 5 div/sec

12:59:35 · 12:59:42

ALTERACIONES DEL RITMO CARDIACO CAUSADAS POR ALTERACIONES DE LOS IONES

Dentro de este capítulo veremos las alteraciones causadas por:
1) Hiperpotasemia
2) Hipopotasemia
3) Hipercalcemia
4) Hipocalcemia
5) Hipermagnesemia
6) Hipomagnesemia

Hiperpotasemia

Las alteraciones electrocardiográficas dependen en gran medida de los niveles de Potasio en sangre.

K+ < 6.5

Ondas T simétricas y picudas, mas visibles en precordiales

K+ 6.5-7.5

Alargamiento del intervalo PR (incluso bloqueo completo) y ensanchamiento del QRS con aplanamiento de la "T"

K+ > 7.5

Ritmo de escape con QRS ancho, posible parada cardiaca

CAUSAS MÁS FRECUENTES:

Insuficiencia Renal

Farmacos (IECAS, ARA II, Espironolactona, Digital)

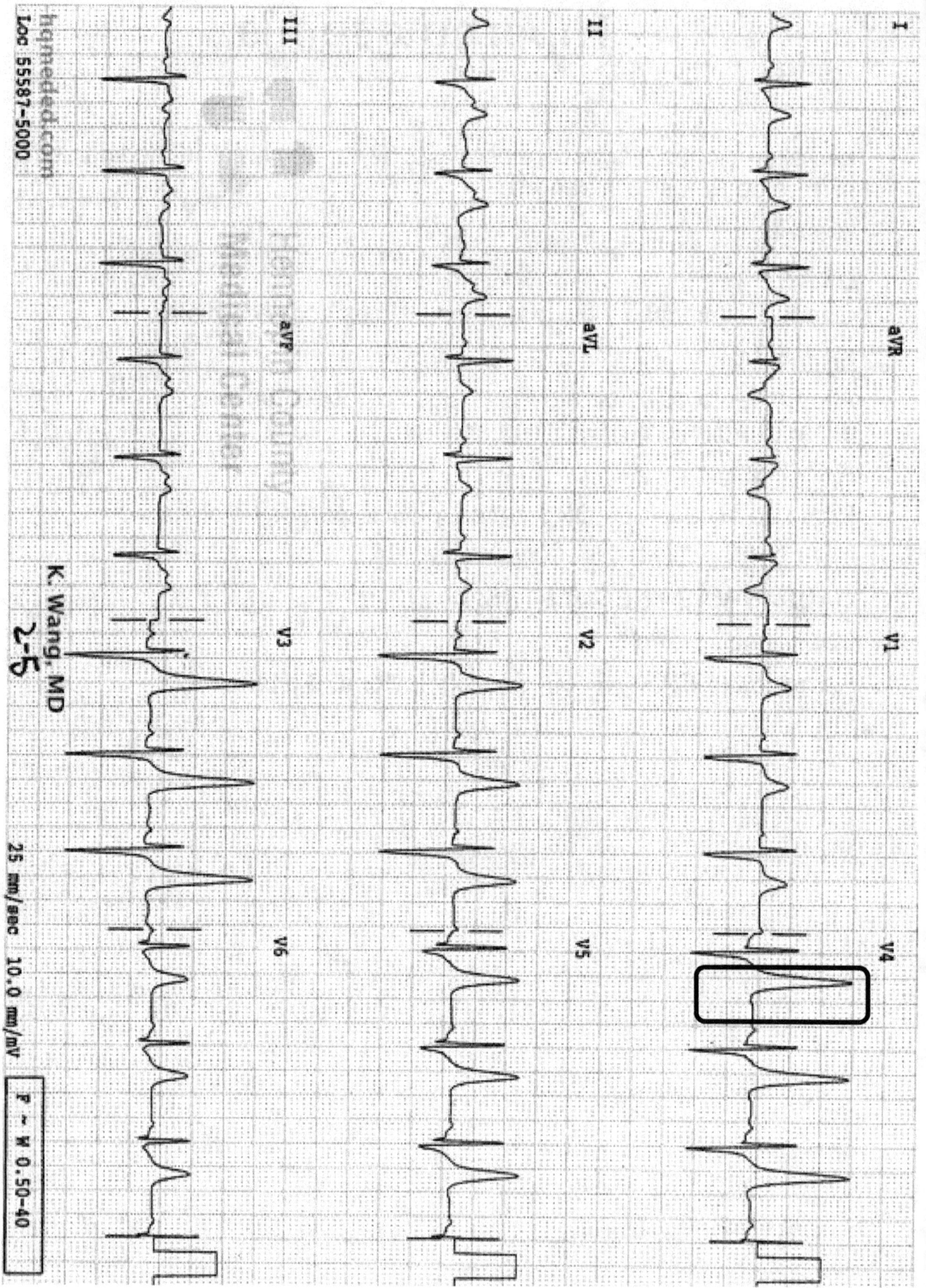

En el Recuadro, T picuda en precordiales sugestiva de Hiperpotasemia

<u>Hipopotasemia</u>

<u>ECG:</u>

Prolongación del intervalo PR

Aparición de un QT largo

Ondas T aplanadas o invertidas

Posible infradesnivelación del ST

Aparición de ondas "U"

<u>CAUSAS:</u>

Anorexia, Diarreas,

Diureticos, Cushing,

Hipotermia…

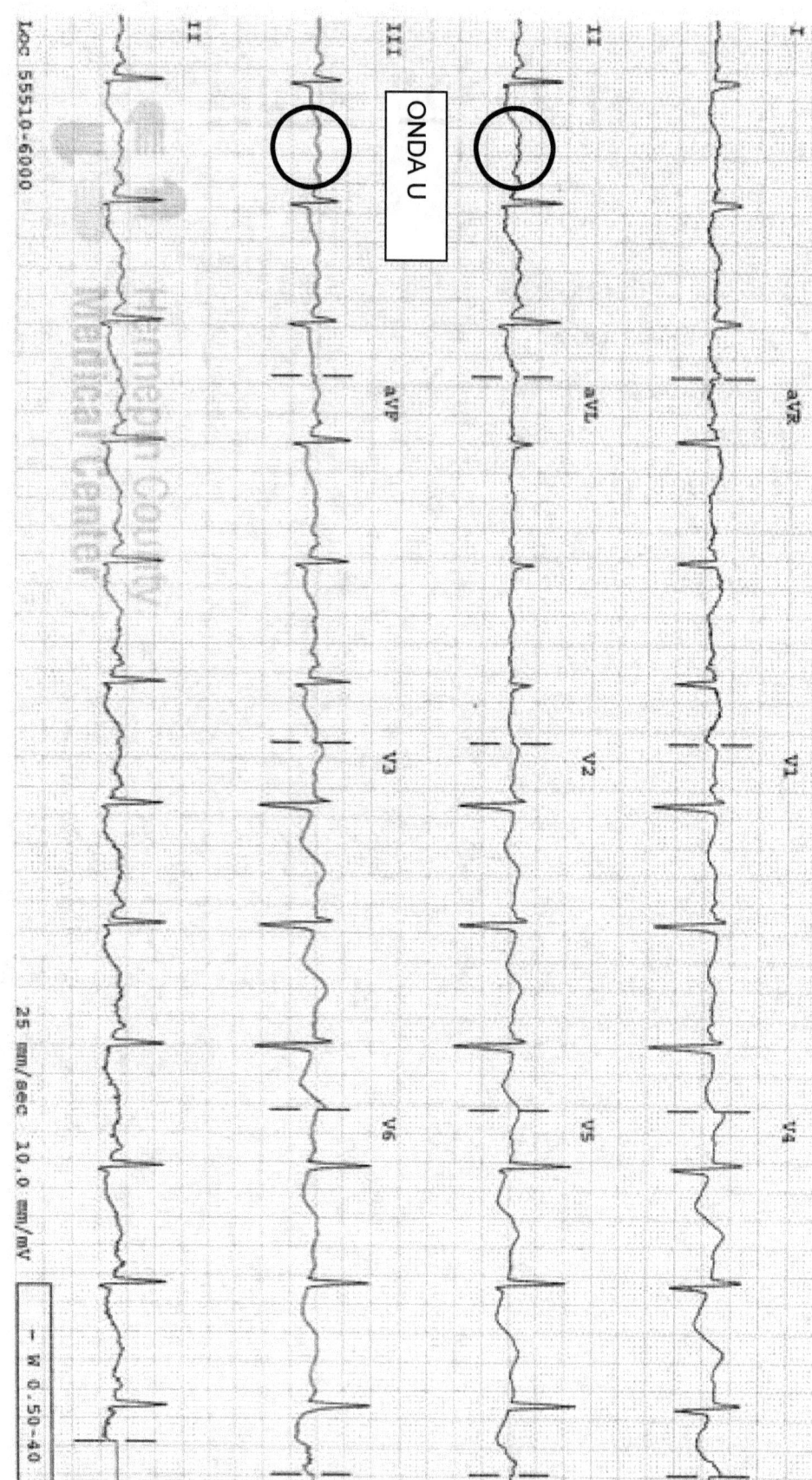

ONDA U

Hipercalcemia (Ca > 10.5 mg/dl)

SÍNTOMAS GENERALES:

Poliuria, polidipsia, anorexia, nauseas, vómitos, estreñimiento, debilidad, letargia...

ETILOGÍA:

Neoplasias (pulmón, mama, riñón, mieloma, leucemias...), Hiperparatiroidismo, Hipertiroidismo...

ECG:

Acortamiento del intervalo QT

Bloqueo AV

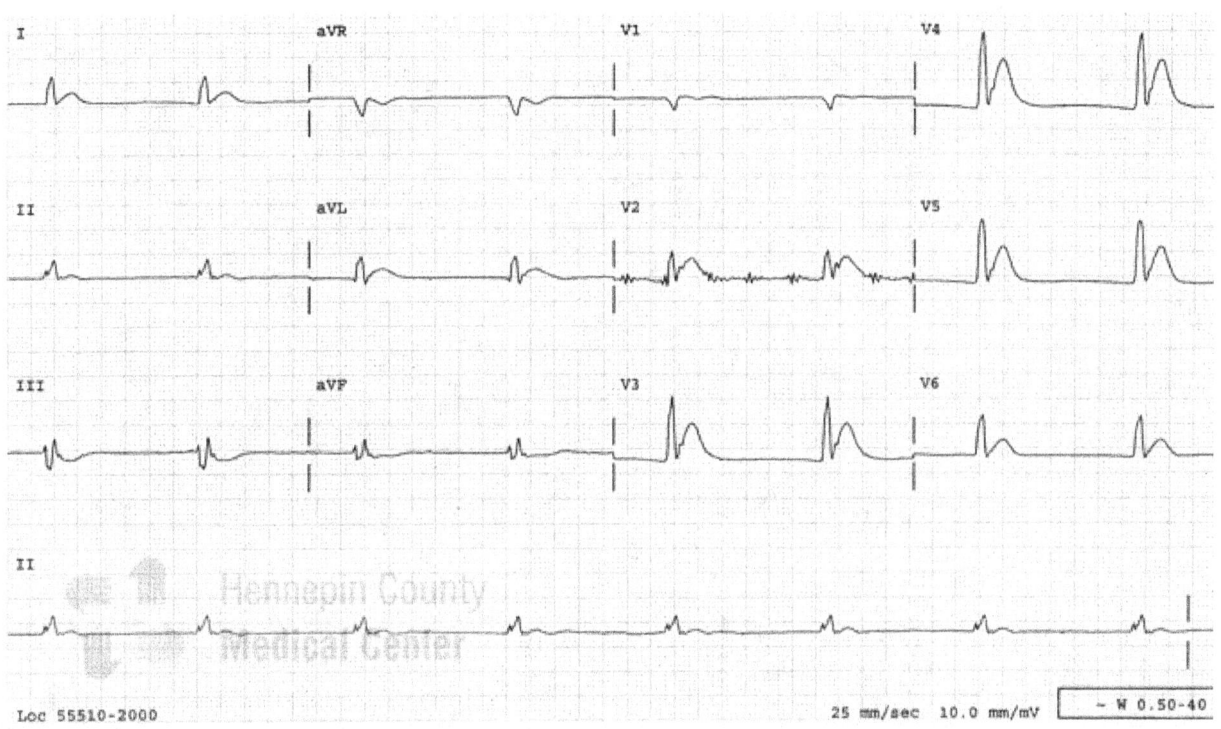

Hipocalcemia (Ca < 8mg/dl)

SÍNTOMAS GENERALES:

Parestesias periorales y digitales, tetania, letargia, confusión, signo de Chovstek…

ETILOGÍA:

Hipoparatiroidismo, déficit de Vit D, hipomagnesemia, Insuficiencia Renal

ECG:

QT largo,

Aplanamiento del ST

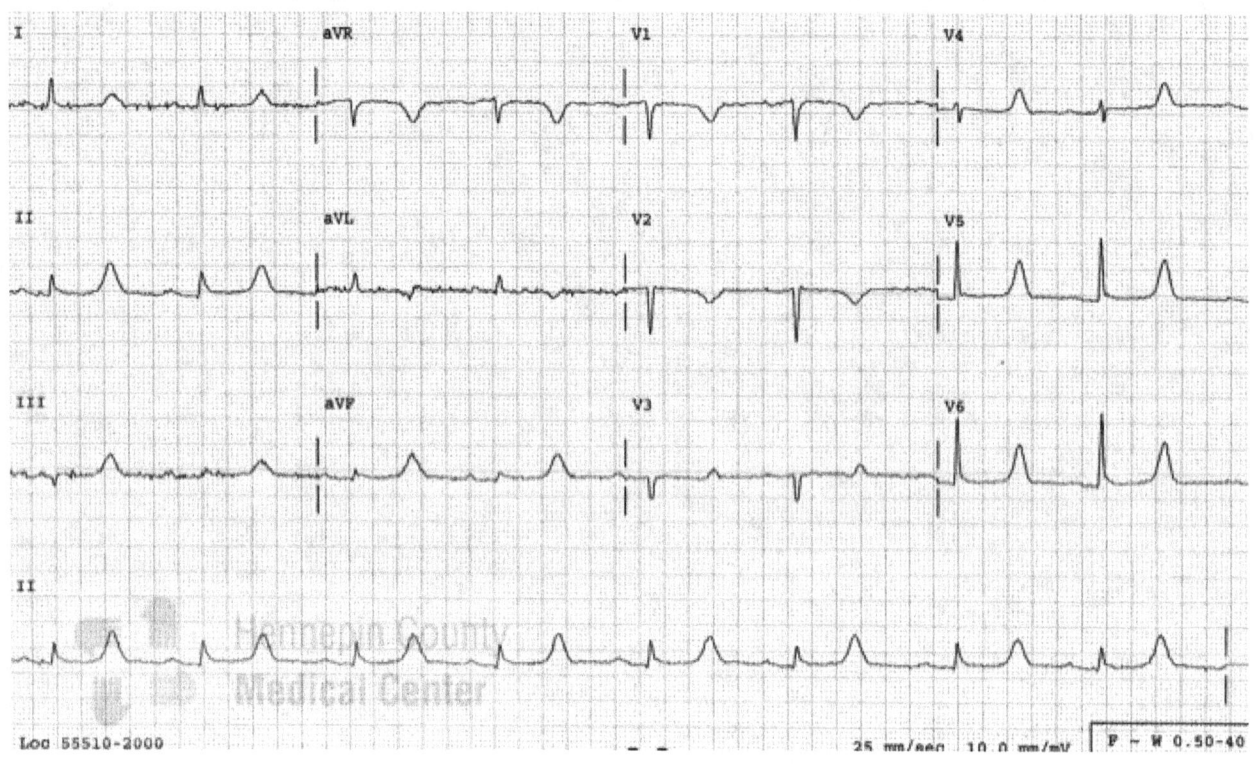

Hipomagnesemia

Las causas mas frecuentes son la desnutrición (por alcoholismo en nuestro medio) y el uso crónico de diuréticos (el magnesio se pierde junto al K+ en el riñón)

Se producen taquiarritmias de QRS estrecho (ACxFA, TPSV) o de QRS ancho (TV, FV, Torsade)

Hipermagnesemia

La causa mas frecuente es la insuficiencia renal grave

Se produce alargamiento del PR y QRS ancho

Alteraciones electrocardiográficas por la Digoxina

SIGNOS DE IMPREGNACIÓN DIGITÁLICA EN EL ECG:

"Cubeta digitálica"; infradesnivelación del ST de concavidad superiorque se acompaña de acortamiento del QT

Estos hallazgos indican IMPREGNACIÓN, no intoxicación

CLÍNICA DE LA INTOXICACIÓN DIGITÁLICA:

Anorexia, nauseas y vómitos son las mas frecuentes (clínica digestiva y de predominio matutino, coincidiendo con la toma del fármaco)

Más raras son las alteraciones visuales, debilidad, trastornos mentales y ginecomoastia.

CAUSAS DE TOXICIDAD DIGITÁLICA:

Insuficiencia Renal

Hiper-HipoK+

Hipercalcemia

ARRITMIAS EN LA INTOXICACIÓN DIGITÁLICA:

Bradicardia,

Acortamiento de los intervalos RR seguidos de pausa

Extrasistolia ventricular

Bloqueo AV (de todos los grados)

TV y FV

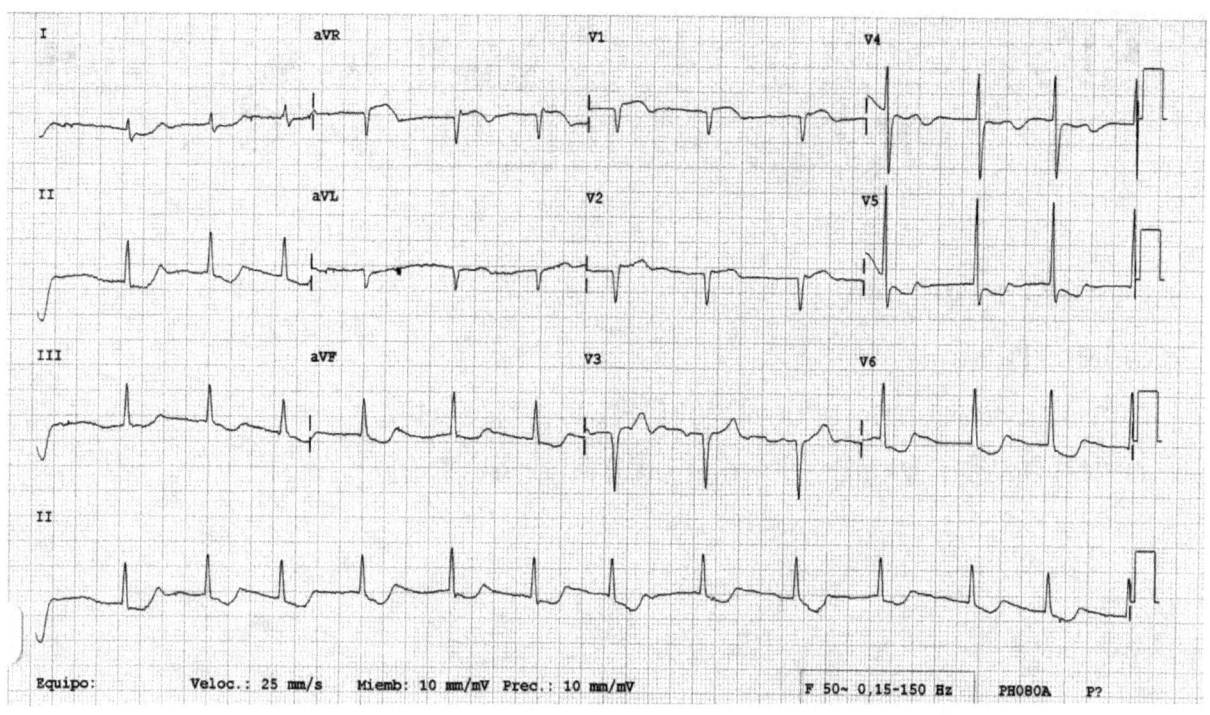

I aVR V1 V4

II aVL V2 V5

III aVF V3 V6

II

Equipo: Veloc.: 25 mm/s   Miemb: 10 mm/mV Prec.: 10 mm/mV   F 50~ 0,15-150 Hz   PH080A   P?

Alteraciones electrocardiográficas por hipotermia (T<34ºC)

ALTERACIONES EN EL ECG:

Bradicardia sinusal

Onda J de Osborne (al final del QRS)

Pueden aparecer otros ritmos como ACxFA, TV...

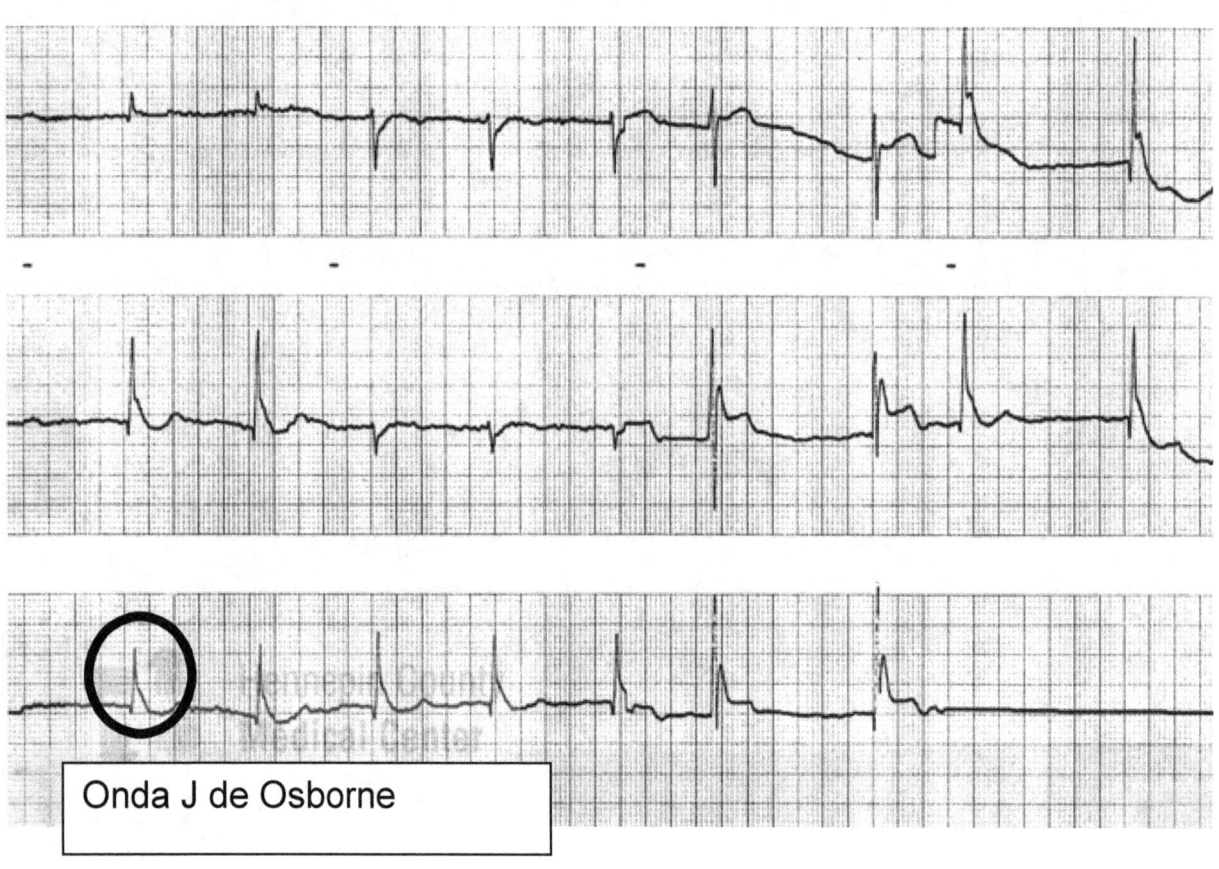

Onda J de Osborne

Otros fármacos y drogas capaces de producir alteraciones electrocardiográficas

ALCOHOL:

La arritmia mas frecuente asociada al consumo crónico de Alcohol es el ACxFA

Posible desnutrición, pensar siempre en hipomagnesemia si presentan una TV

COCAINA:

La arritmia mas frecuente es la Taquicardia Sinusal

El aumento del consumo de oxigeno (2º a taquicardia + HTA) y el vasoespasmo coronario pueden provocar clínica anginosa. NUNCA TRATAR CON BETABLOQUEANTES

El tratamiento se realiza con SLN, BZD y MANIDON

HEROÍNA:

Arritmias secundarios a sobredosis e hipoxia severa por apnea. Tratar la causa (O2, Guedel, Naloxona)

<u>CASOS PRÁCTICOS E INTERPRETACIÓN DEL ECG</u>

CASO 1:

- Paciente de 76 años, con antecedente de HTA, Flutter, bloqueo de rama y dislipemia.
- Asintomático, se realiza ECG de control en el Centro de Salud

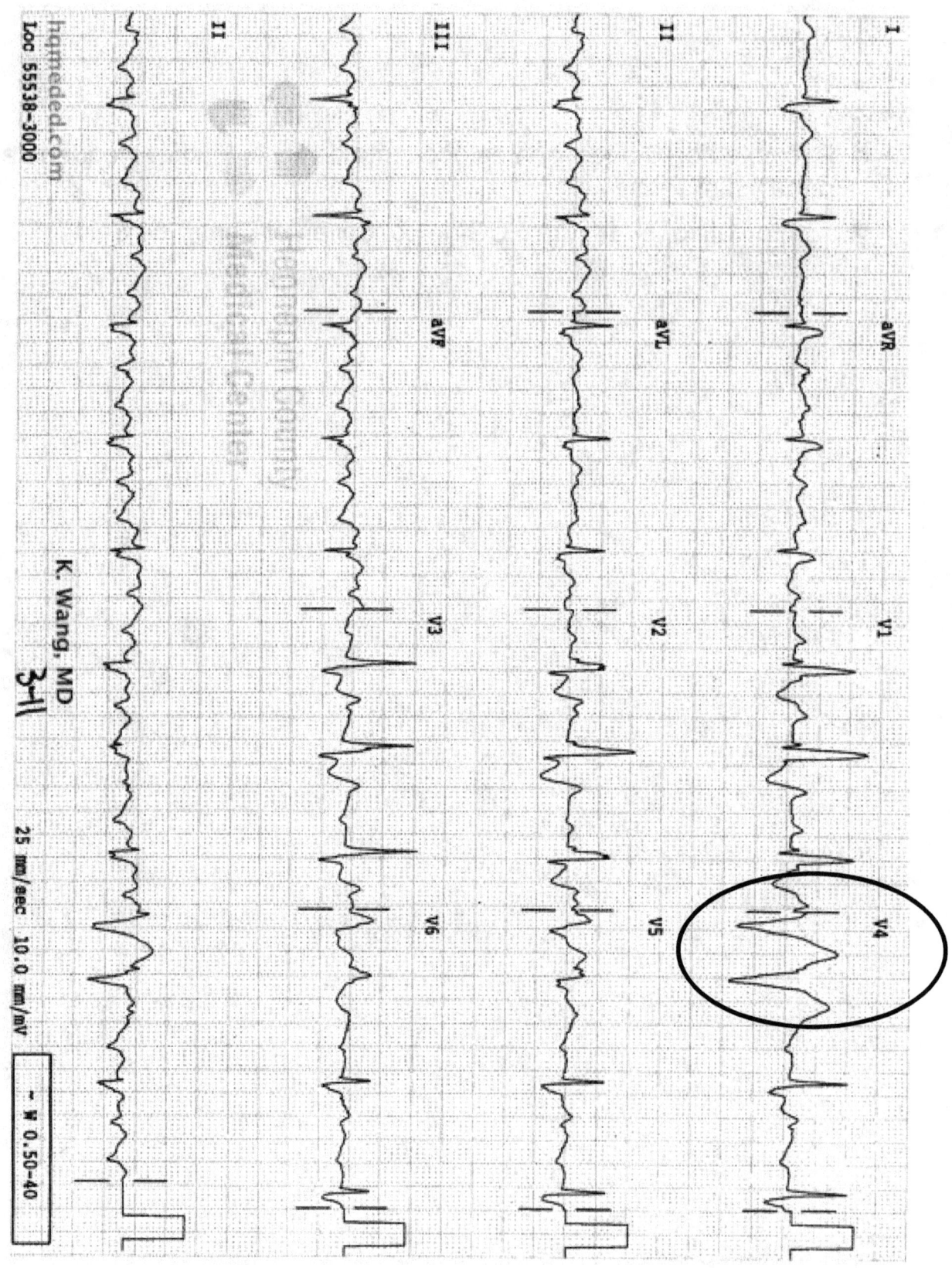

Flutter, BRD, 2 extrasistoles ventriculares

28

CASO 2:

- Paciente con miocardiopatía dilatada y síncope brusco en la calle
- El 061 realiza el siguiente ECG a su llegada

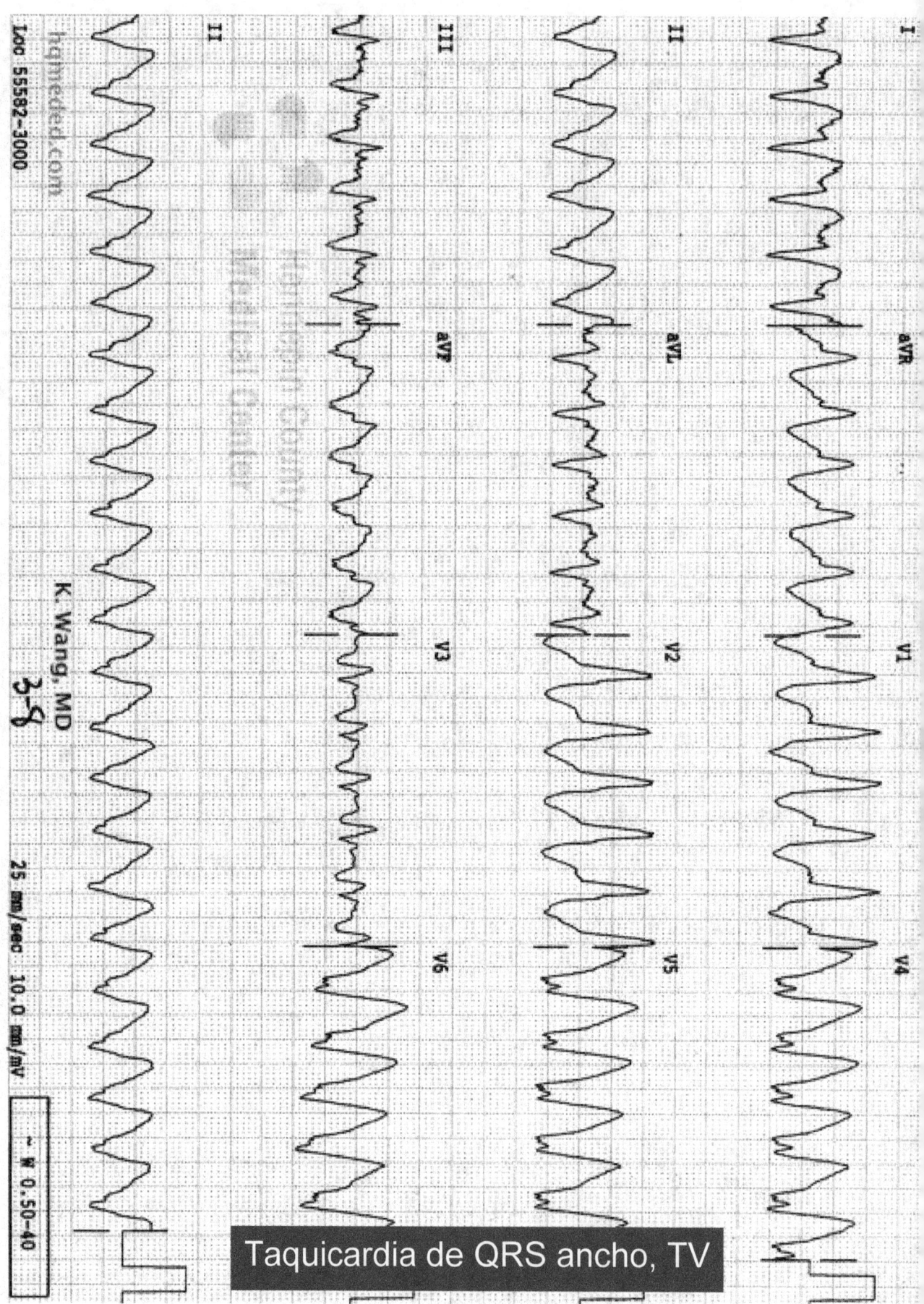

Taquicardia de QRS ancho, TV

Loc 55582-3000

K. Wang, MD

3-8

25 mm/sec   10.0 mm/mV

~ W 0.50-40

30

CASO 3

- 76 años, DMID, HTA, IRcr, Cirrosis por VHC y ascitis.
- En tto con IECA, Aldactone, Betabloqueante e Insulina
- Se realiza el siguente ECG de control en el Centro de Salud

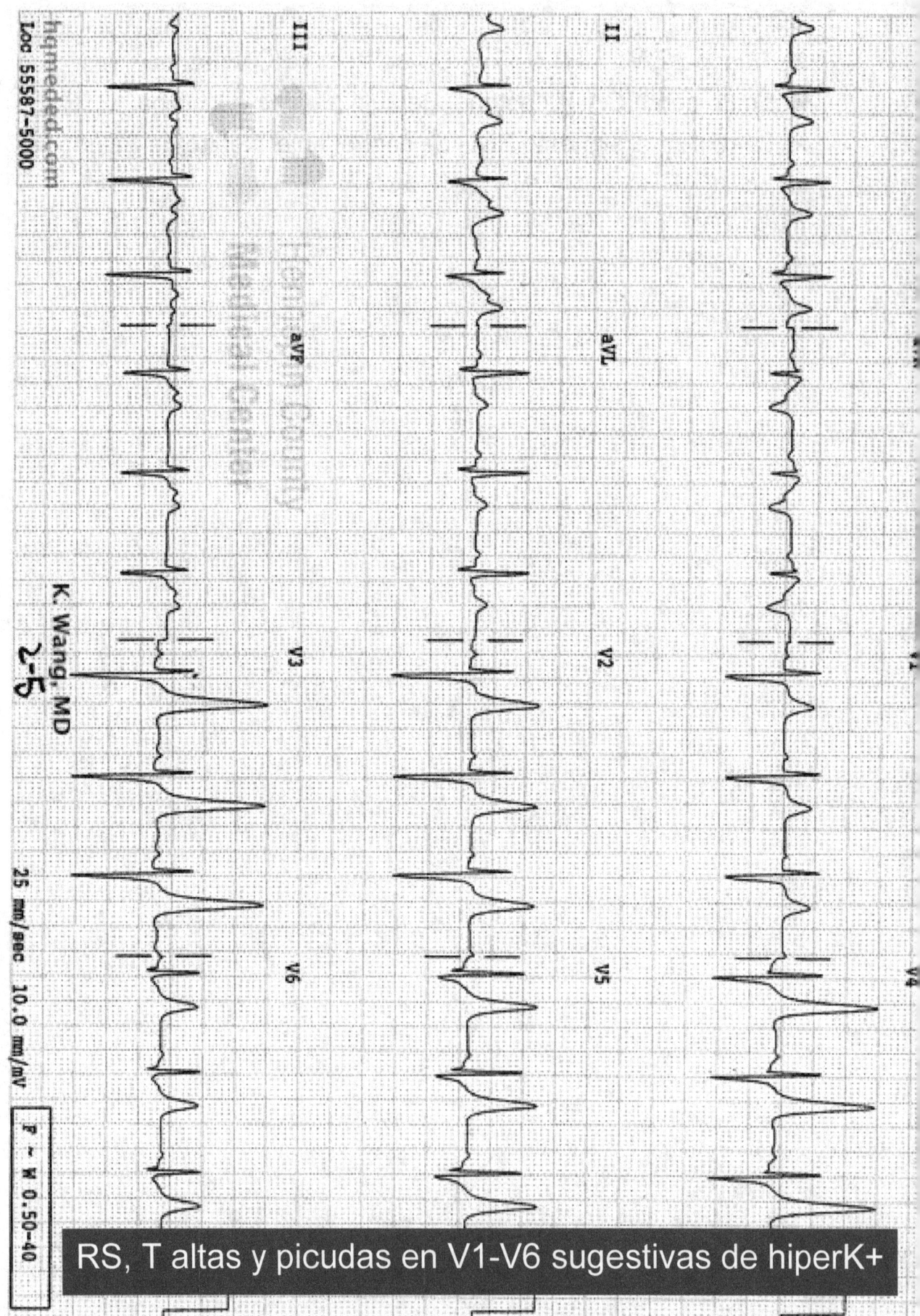

RS, T altas y picudas en V1-V6 sugestivas de hiperK+

CASO 4

- Paciente en el cuarto de vitales por SCA que sufre hipotensión brusca con sudoración profusa

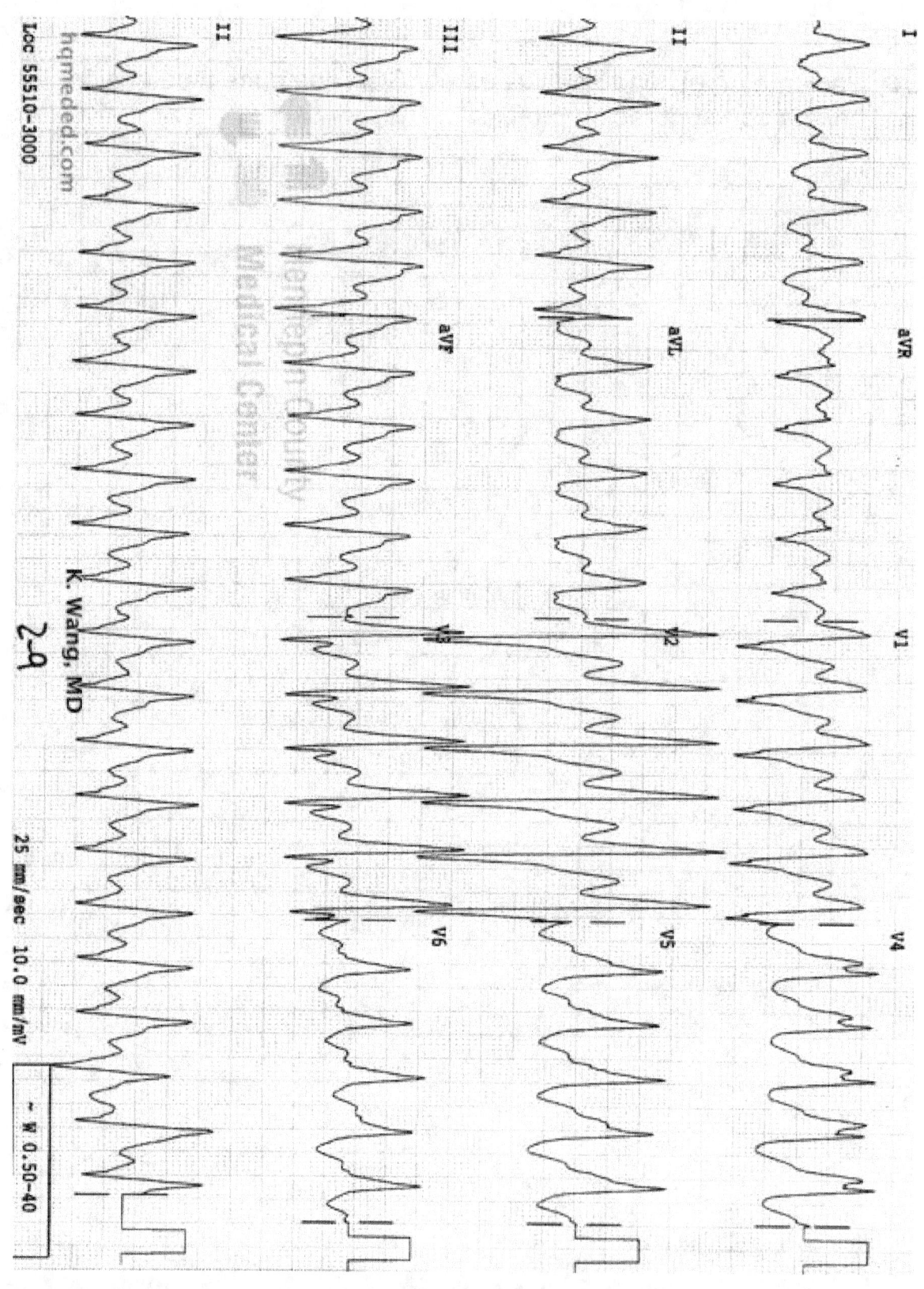

Taquicardia QRS ancho (muy ancho)+ ausencia de P= TV vs
TPSV con c. aberrante vs TPSV con BRI

CASO 5

- Holter en paciente en estudio por síncopes frecuentes

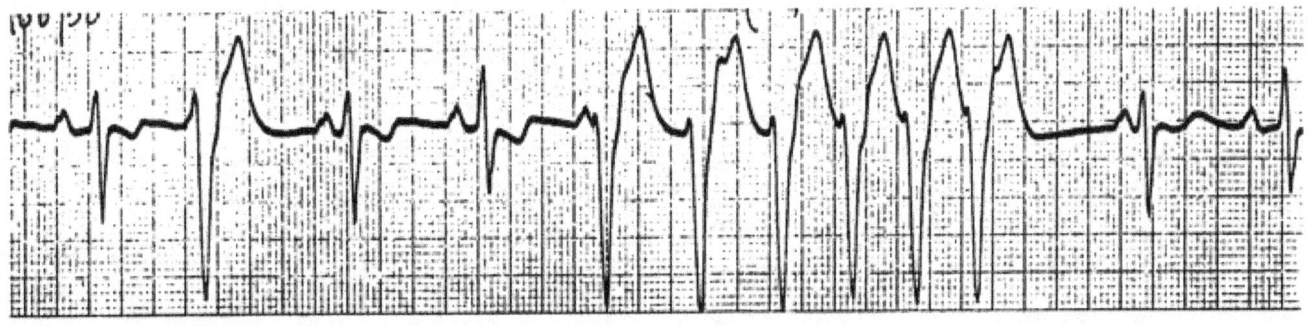

4-5

RS con salvas de TV

CASO 6

- Dolor centrotorácico con hipotensión
- Ant de ACxFA, dislipemia y tabaquismo
- Tto con Betabloqueante, Zarator y adiro 100

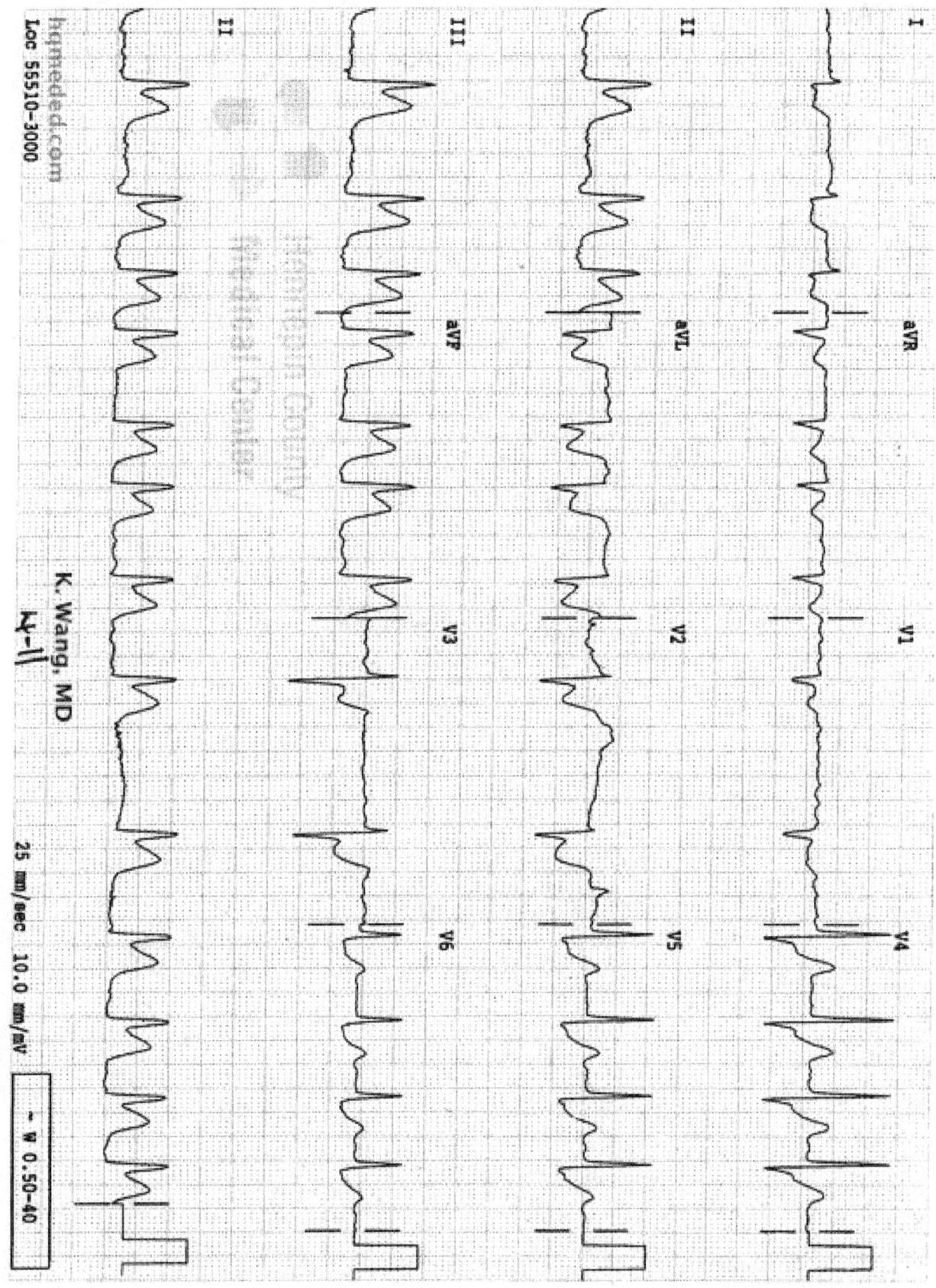

K. Wang, MD

25 mm/sec 10.0 mm/mv ~ W 0.50-40

ACxFA, IAM postero inferior con elevacion del ST

CASO 7

■ Paciente de 38 años en dialisis que acude por disnea y MEG

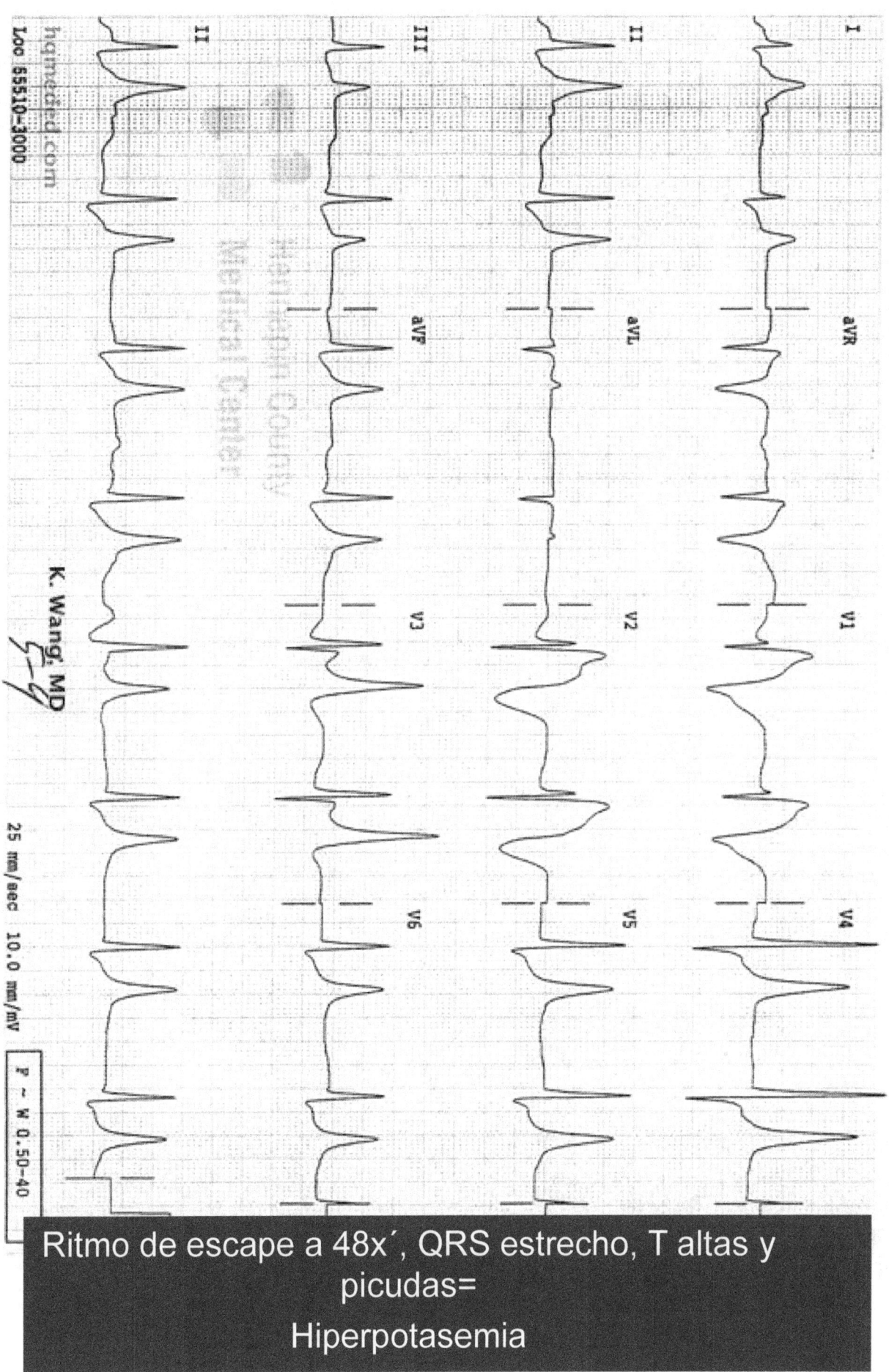

Ritmo de escape a 48x´, QRS estrecho, T altas y picudas=

Hiperpotasemia

CASO 8

- Paciente de 17 años,

- En tto por anorexia, la trae la familia por MEG y comentan que ha estado tomando diureticos a escondidas

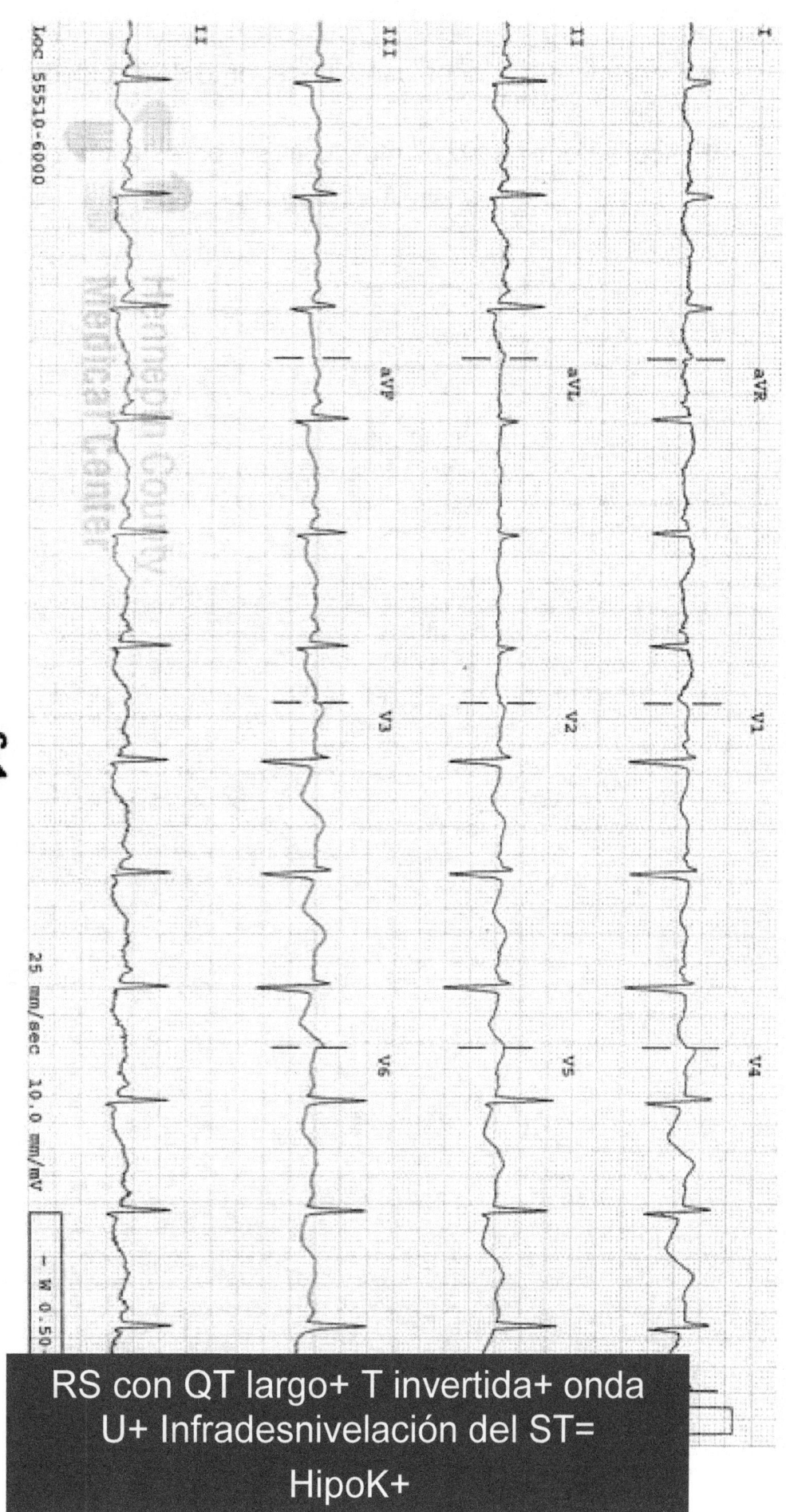

hqmeded.com

K. Wang, MD

6-1

RS con QT largo+ T invertida+ onda U+ Infradesnivelación del ST= HipoK+

CASO 9

- Paciente de 63 años con antecedente de Tiroidectomia hace 1 mes

- Acude por calambres musculares y parestesias periorales

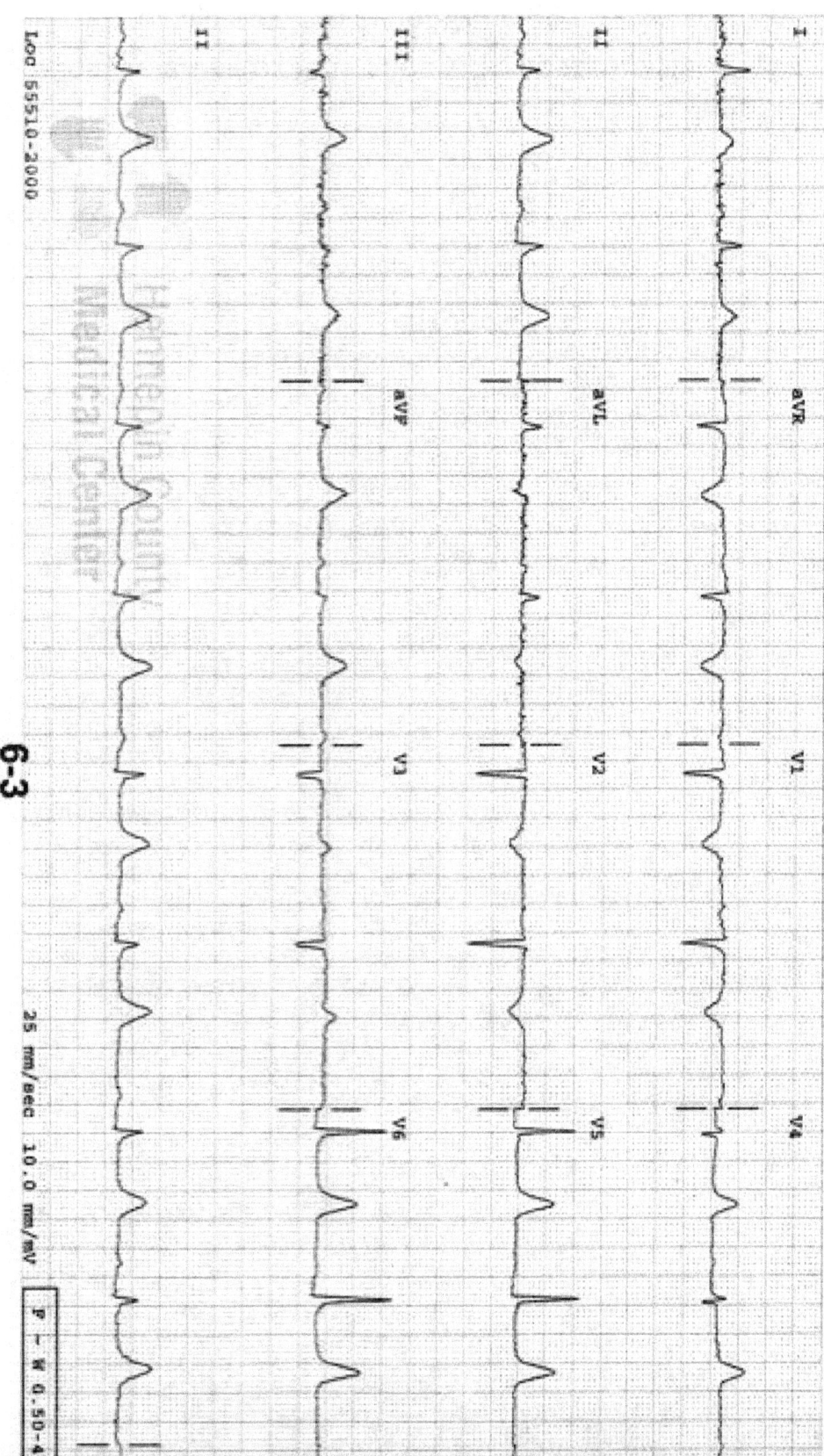

Log 55510-2000

K. Wang, MD

6-3

25 mm/sec   10.0 mm/mV

F — W 0.50-4

I   aVR   V1   V4

II   aVL   V2   V5

III   aVF   V3   V6

II

RS con bloq AV de 1er grado, QT largo, ST aplanado
=
Hipocalcemia

CASO 10

- Paciente de 83 años con Mieloma Multiple,
- Remitido desde CEX de Hematología para valoración del ECG y tto

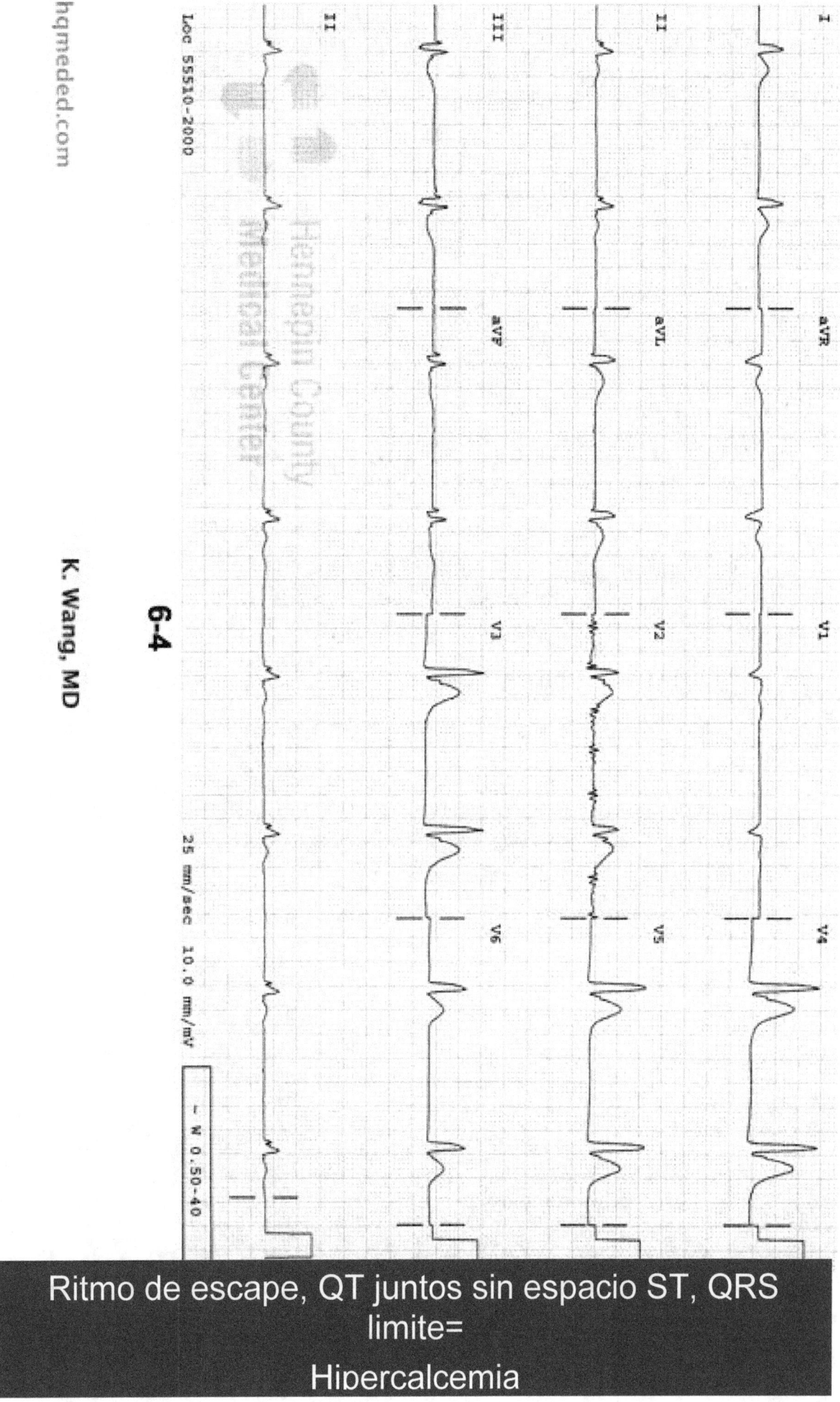

6-4

K. Wang, MD

Ritmo de escape, QT juntos sin espacio ST, QRS limite=

Hipercalcemia

45

CASO 11
Paciente con IRcr

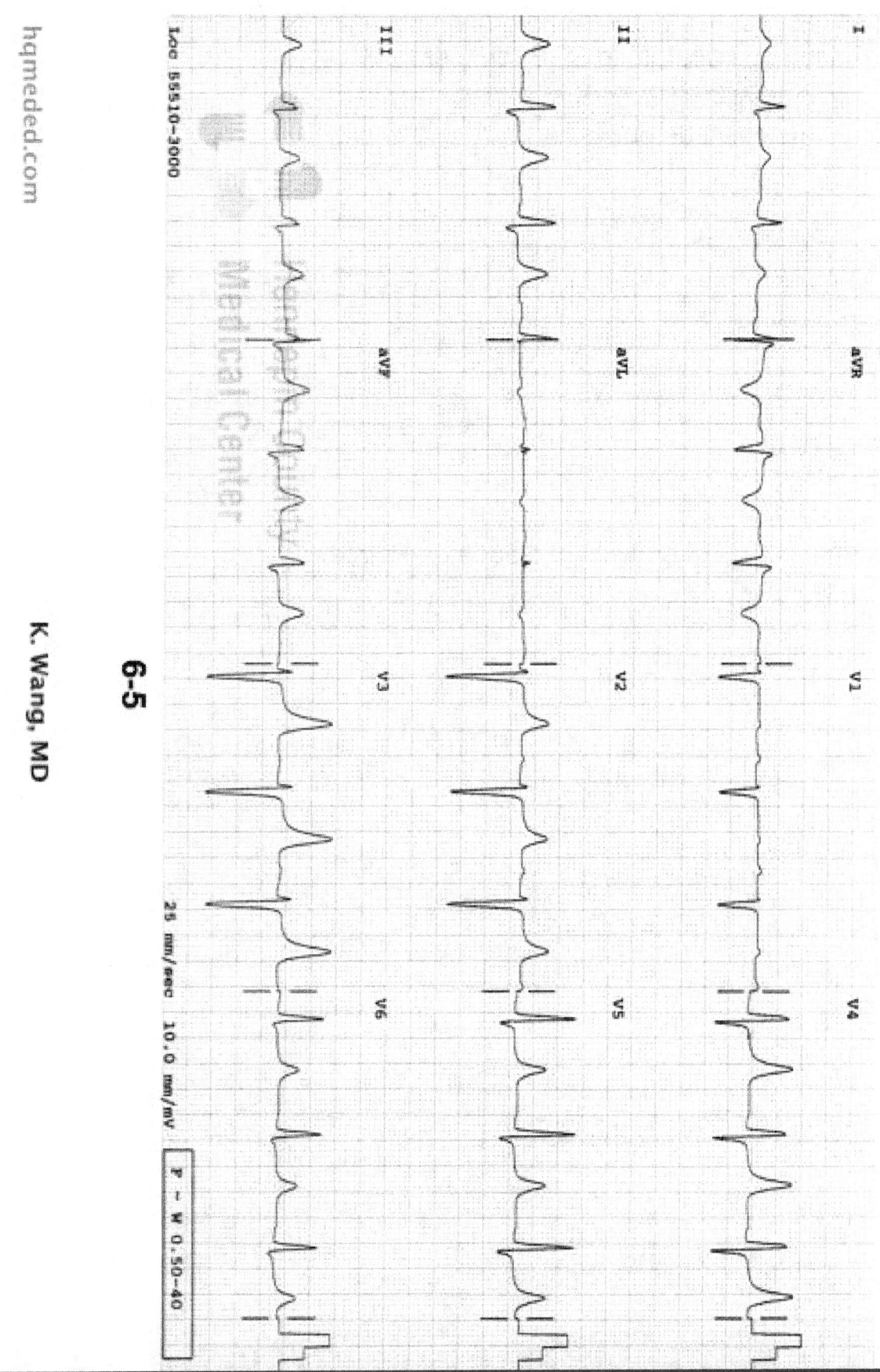

6-5

K. Wang, MD

RS con bloq AV de 1er grado, ST aplanado y Ts picudas=
hiperK+ e hipoCalcemia, 2° a Insuf Renal

CASO 12

- Parada Cardio Respiratoria en paciente alcoholico en la calle, que tras 5 minutos de RCP recupera pulso.

- Durante el traslado por el 061, nuevo episodio sincopal con ausencia de pulso

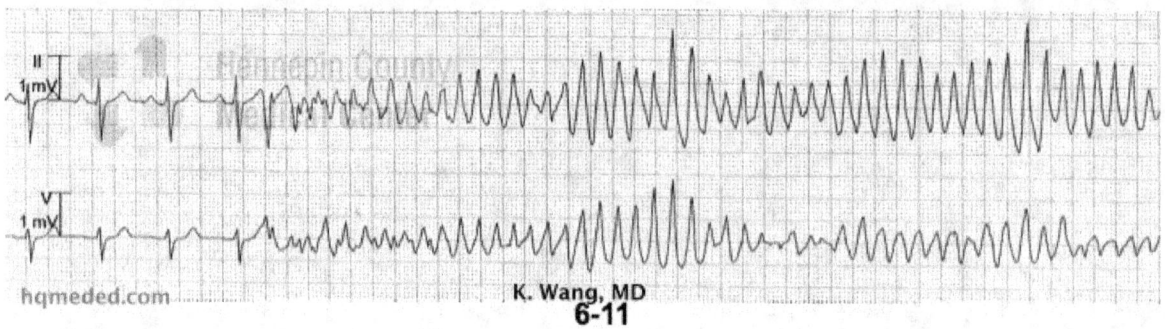

Ritmo sinusal que pasa a Torsade de Pointes

CASO 13

- Paciente con miocardiopatía dilatada, con buena FE
- Presenta de forma brusca dolor torácico e hipotensión

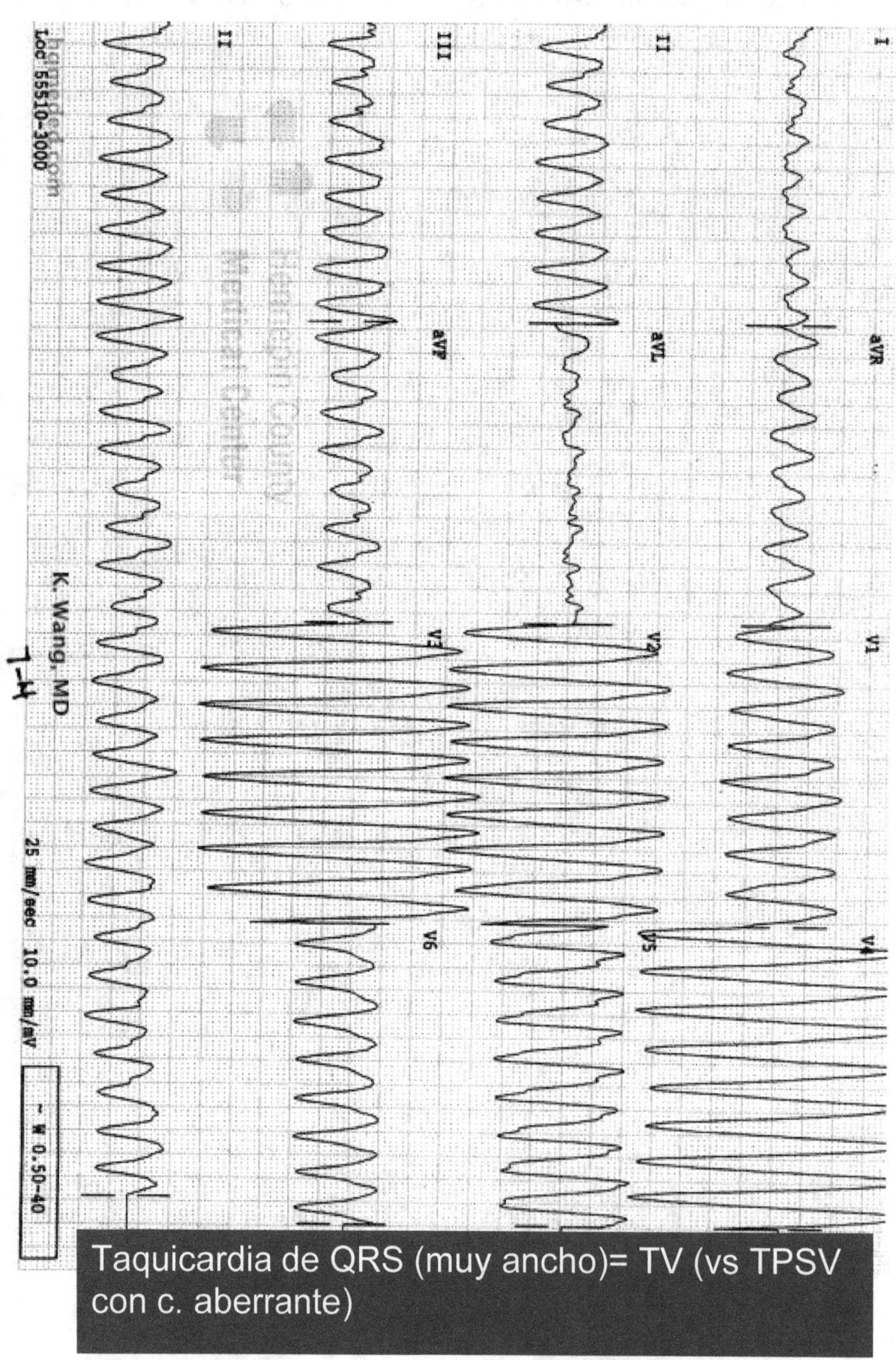

Taquicardia de QRS (muy ancho)= TV (vs TPSV con c. aberrante)

CASO 14

- Paciente con ACxFA, comenta que siempre le dicen que tiene un bloqueo
- Acude por palpitaciones

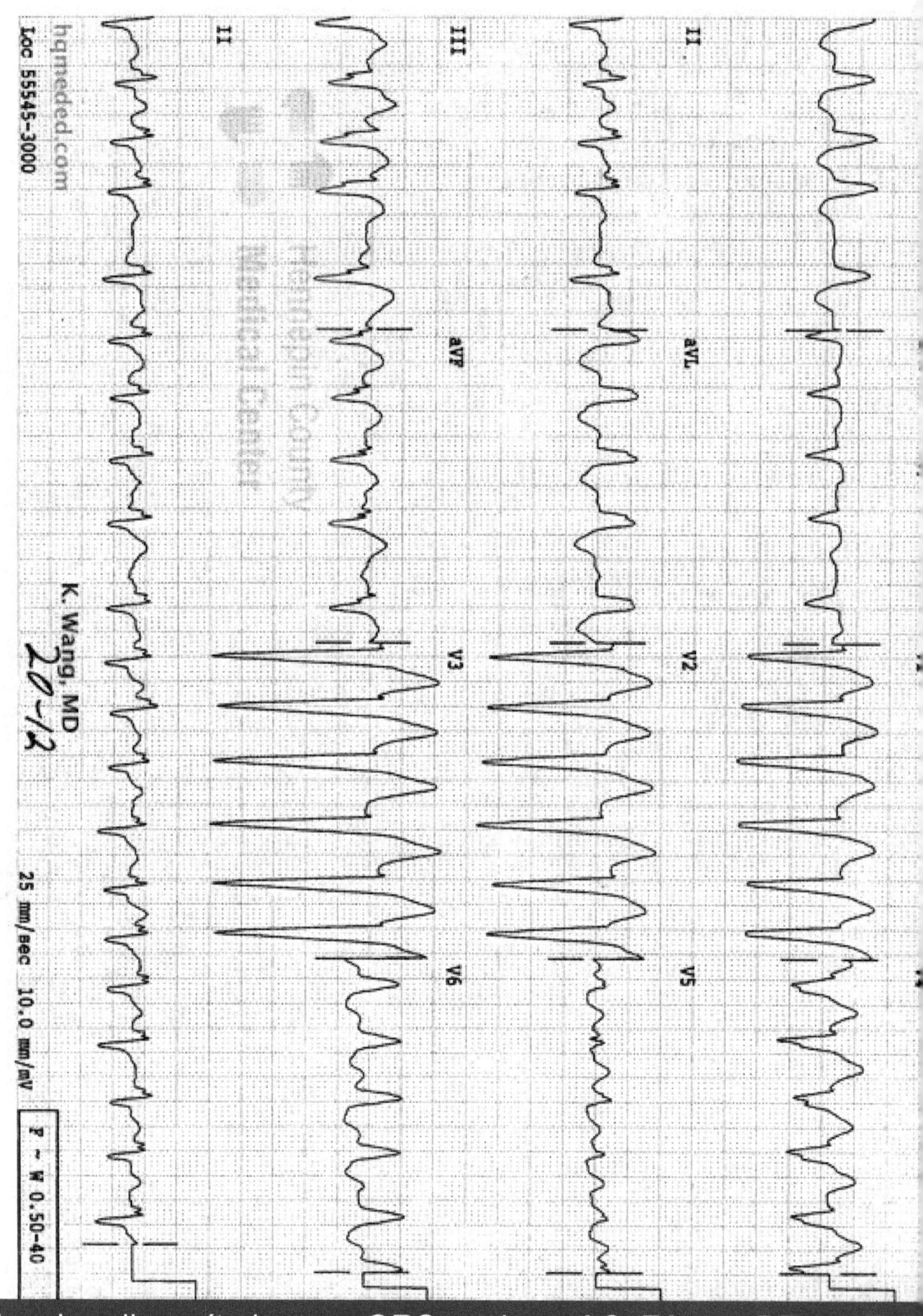

Taquicardia arrítmica con QRS ancho = ACxFA con BRI vs TV

CASO 15

Madrugada del domingo al lunes,

Varón, 35 años, IRCr en dialisis los lunes, miercoles y viernes

Impresiona de gravedad

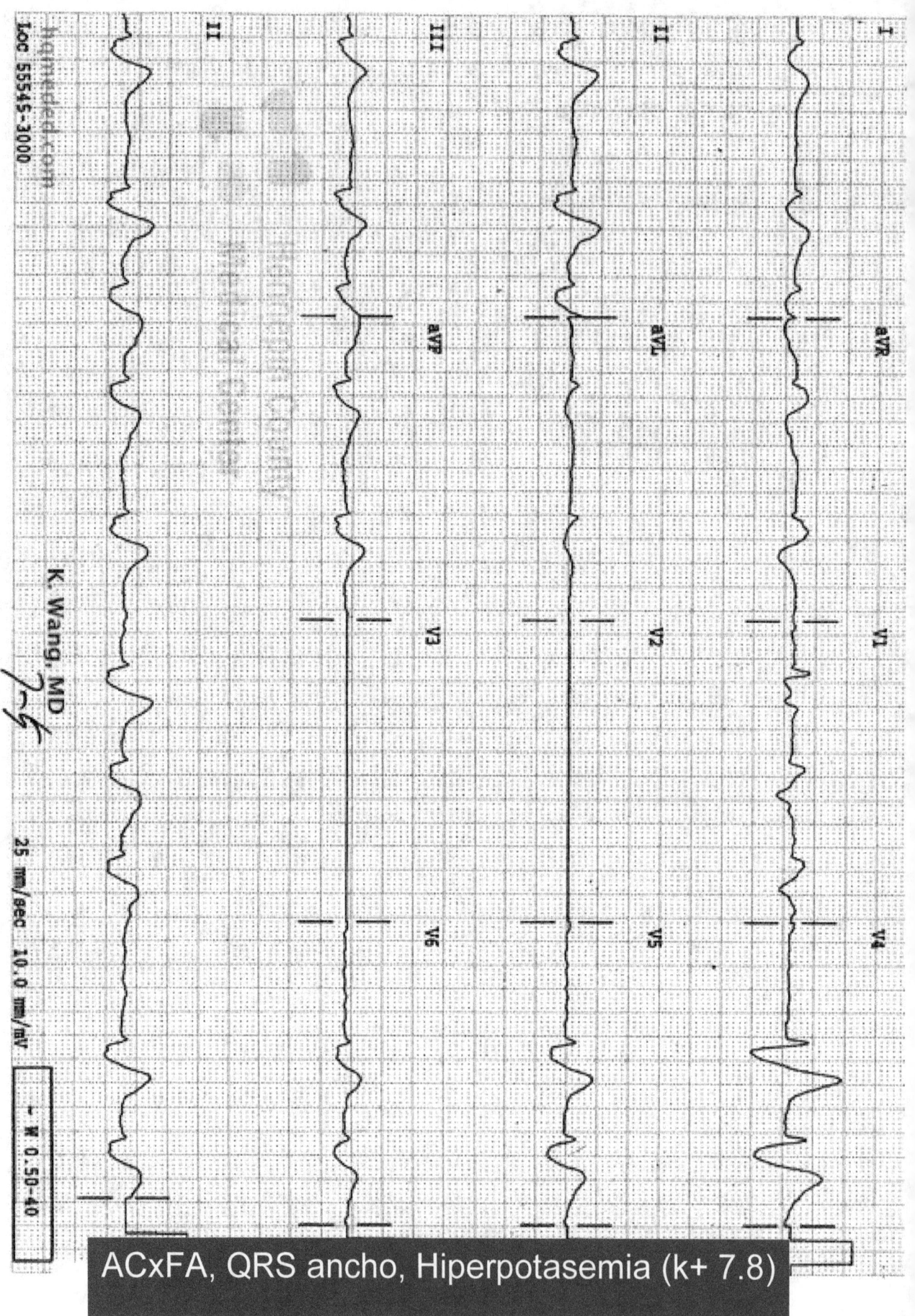

ACxFA, QRS ancho, Hiperpotasemia (k+ 7.8)

CASO 16

- Paciente en sala de espera,
- Cuadro de disnea brusca hace 4 horas con dolor torácico, autolimitado.
- Antecedente de encamamiento prolongado
- Síncope con caida al suelo

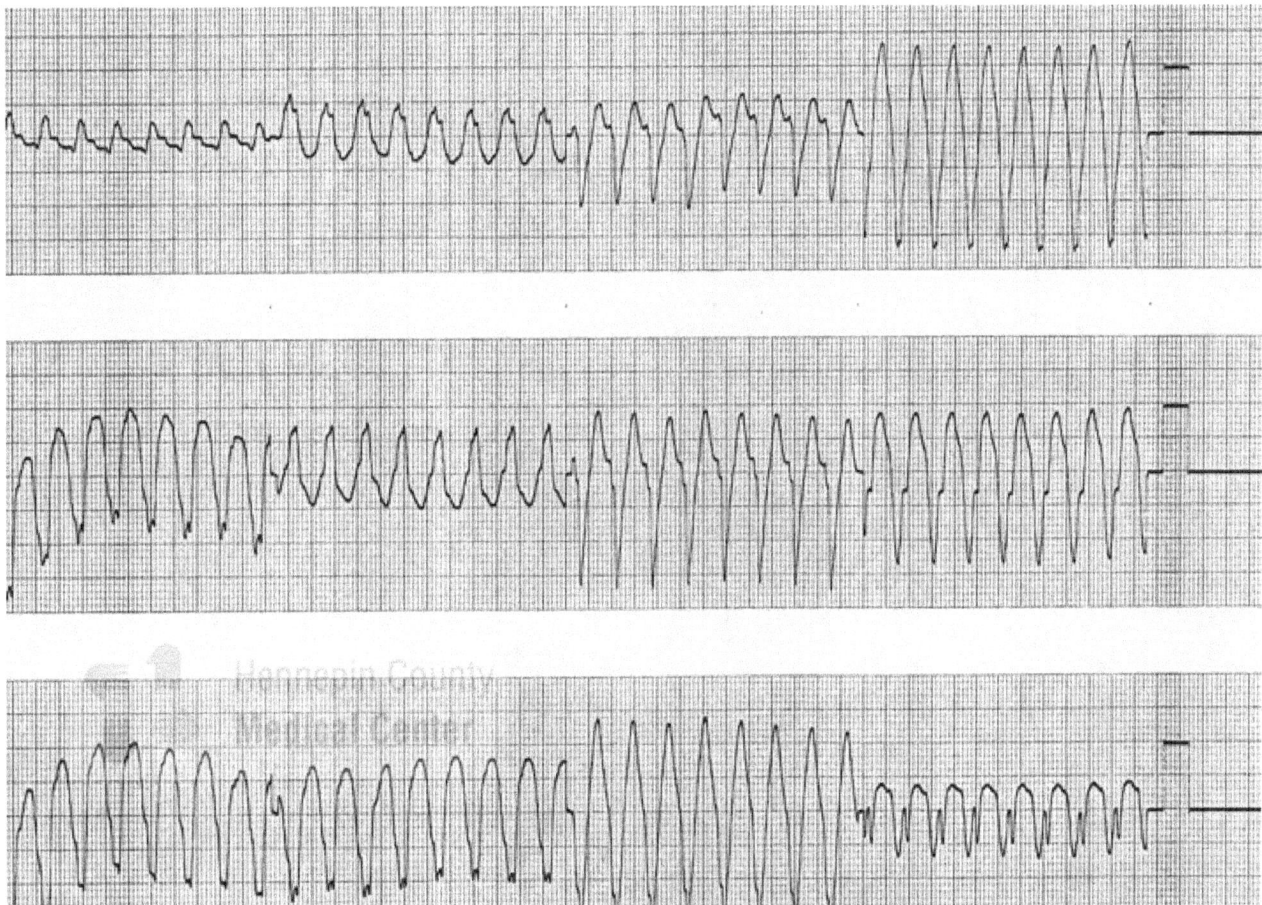

Taquicardia Ventricular

CASO 17

- Paciente con ACxFA y síndrome bradicardia-taquicardia que requirió implantación de marcapasos.
- En tto con Digoxina y Calcioantagonista

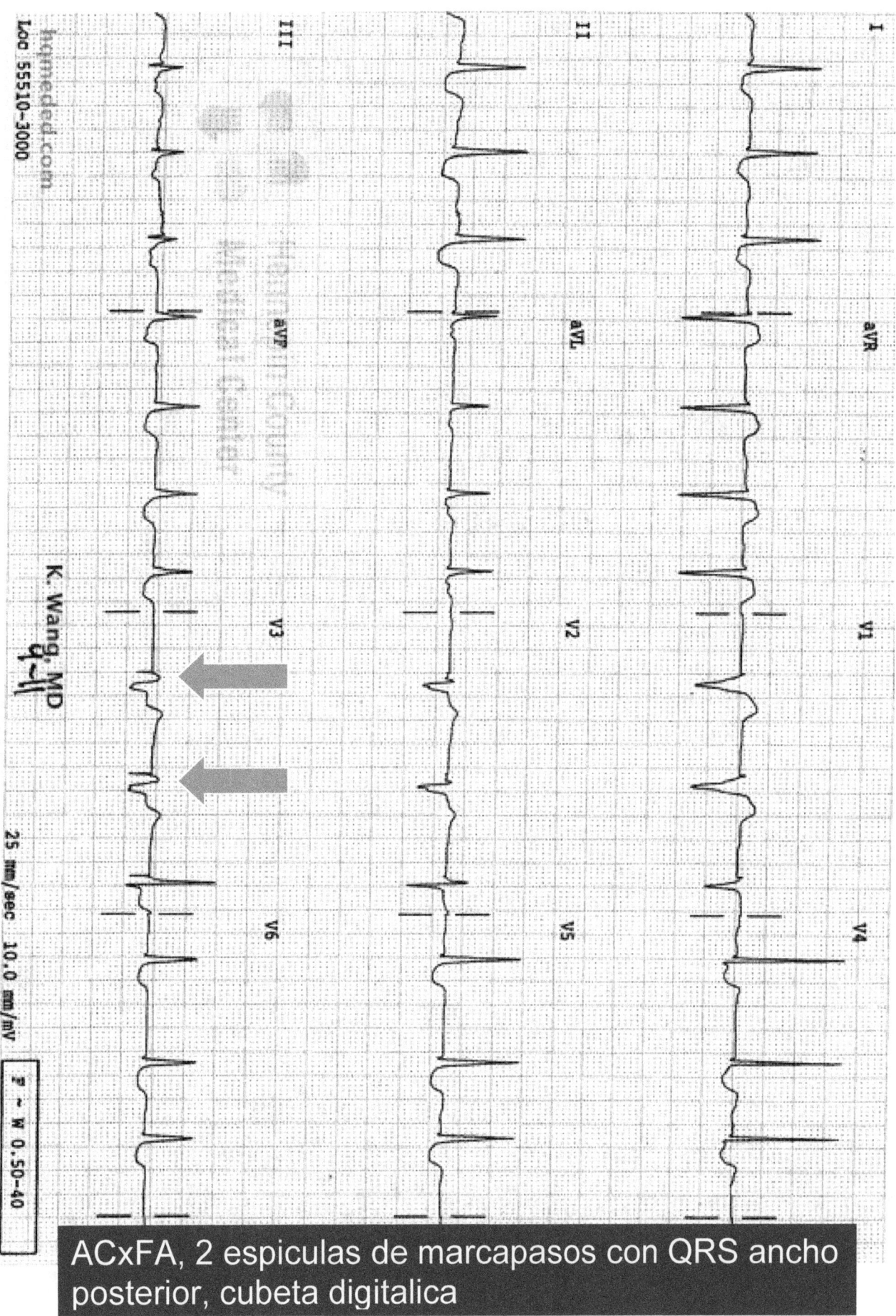

ACxFA, 2 espículas de marcapasos con QRS ancho posterior, cubeta digitálica

CASO 18

- Paciente asintomático en tratamiento con Digoxina

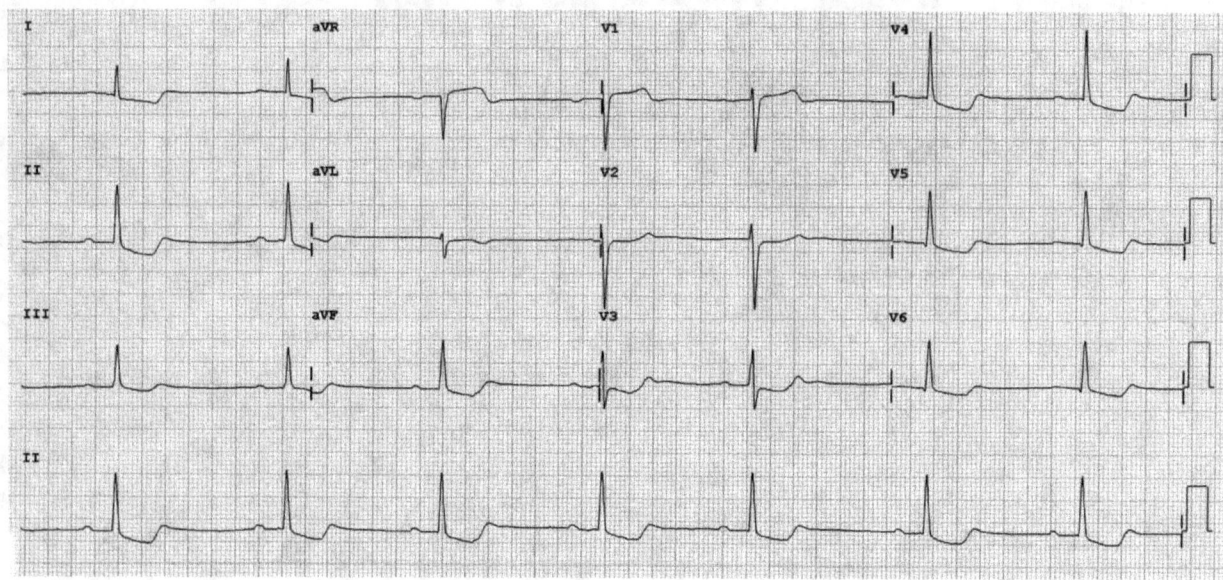

Ritmo sinusal con cubeta digitálica

CASO 19

- 56 años,
- Consumidor de Cocaína y alcohol
- Acude por palpitaciones tras salir la noche pasada

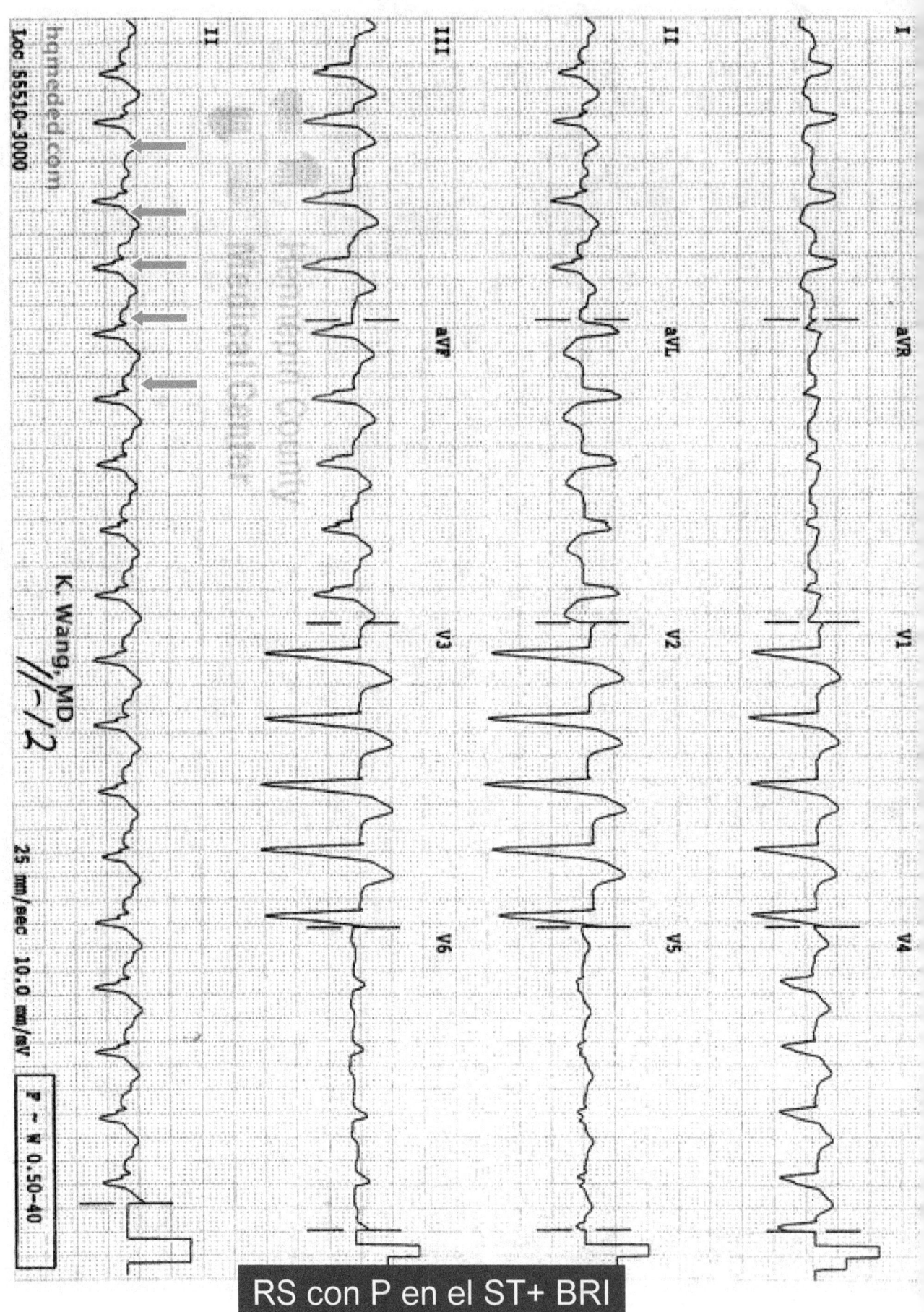

RS con P en el ST+ BRI

CASO 20

- Paciente de 75 años,
- Cirrotico, DMID, en tto con IECA, Aldactone, Insulina
- Presenta Glu > 500, ascitis severa y MEG

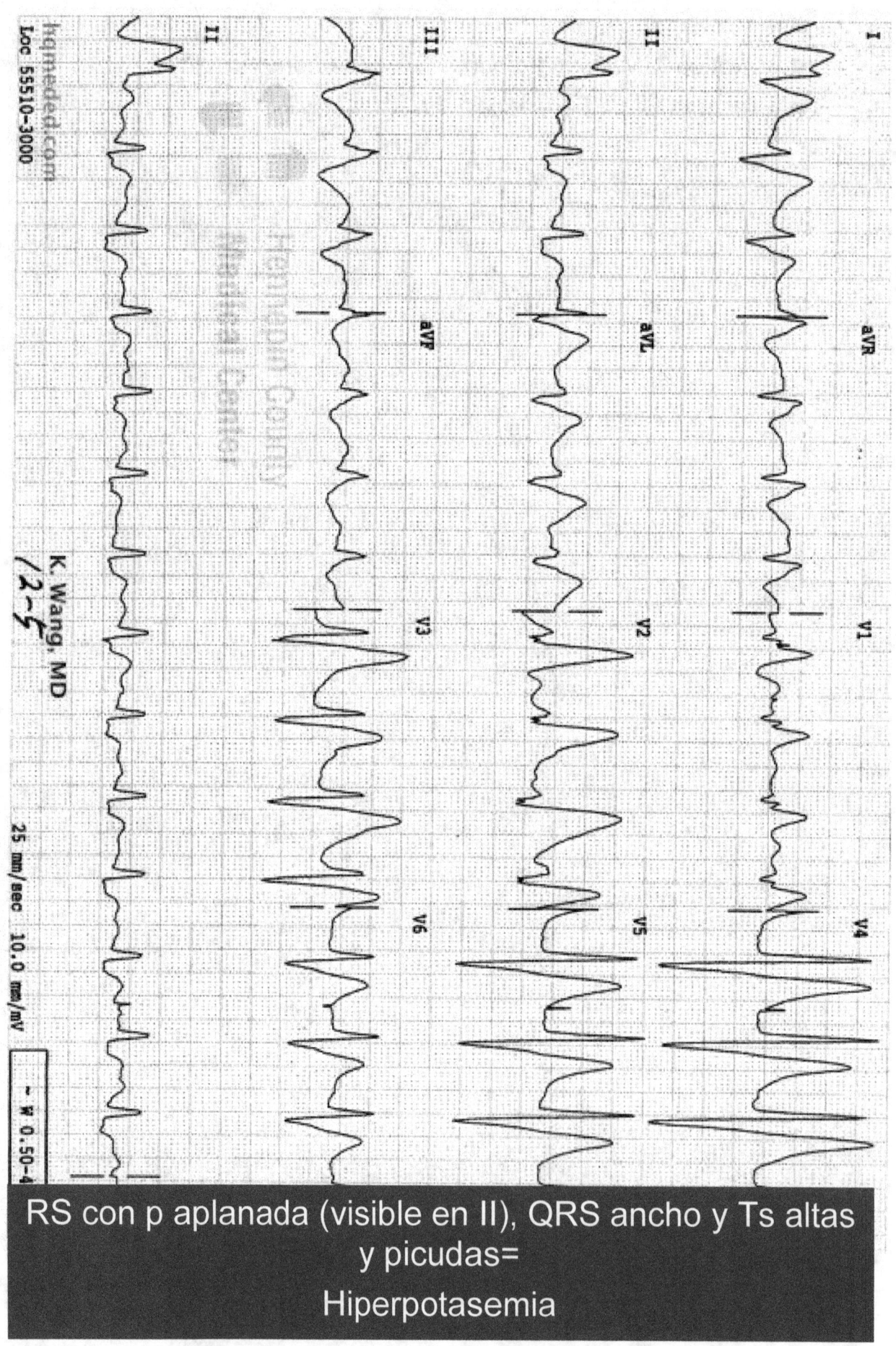

RS con p aplanada (visible en II), QRS ancho y Ts altas
y picudas=

Hiperpotasemia

CASO 21

- 46 años
- Síncope brusco con crisis convulsiva tónico- clónica de baja intensidad

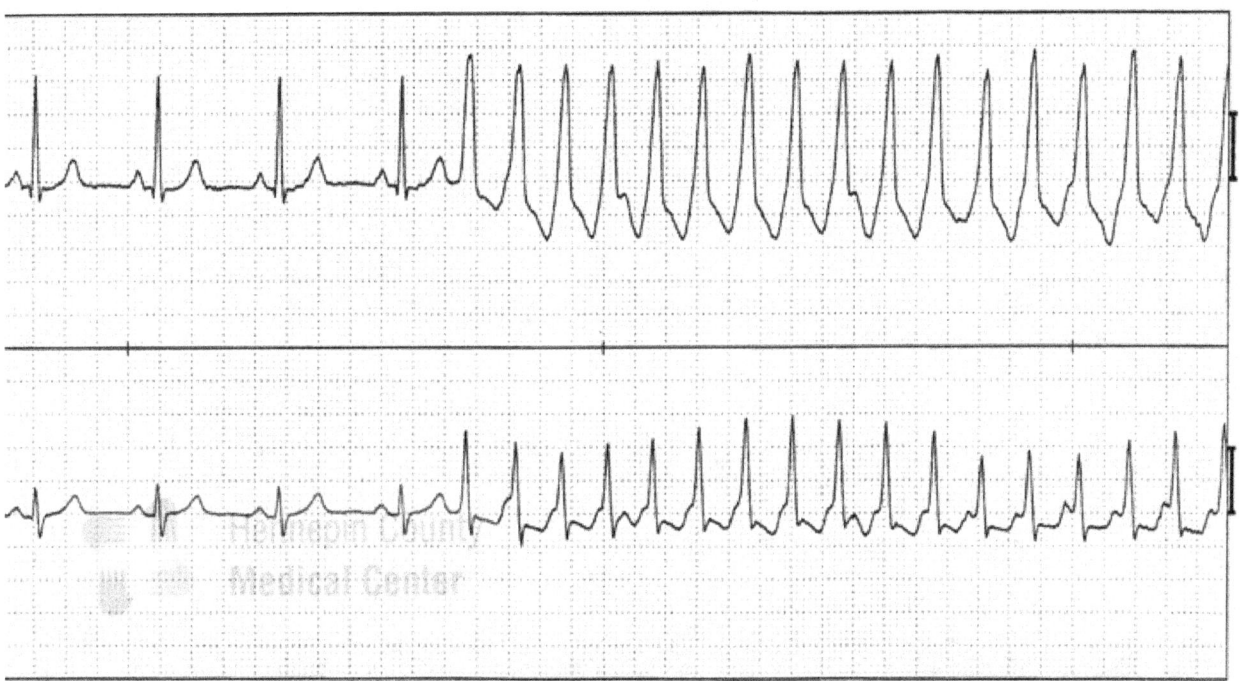

RS seguido de TV

CASO 22

- IRCr en diálisis.
- Transgresión dietética con ingesta de abundante fruta

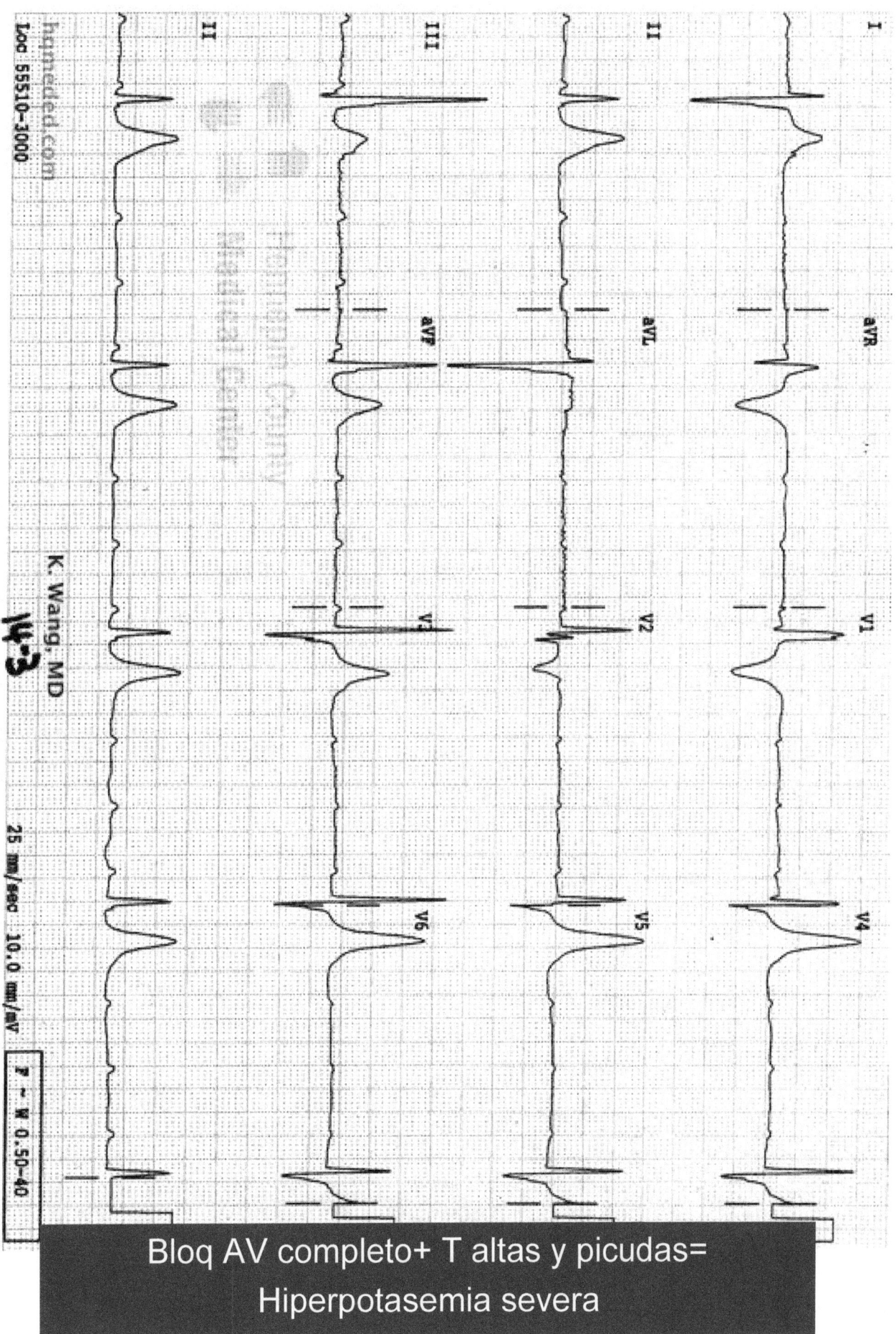

Bloq AV completo+ T altas y picudas=
Hiperpotasemia severa

CASO 23

- ECG en un paciente que acude por sincope en domicilio

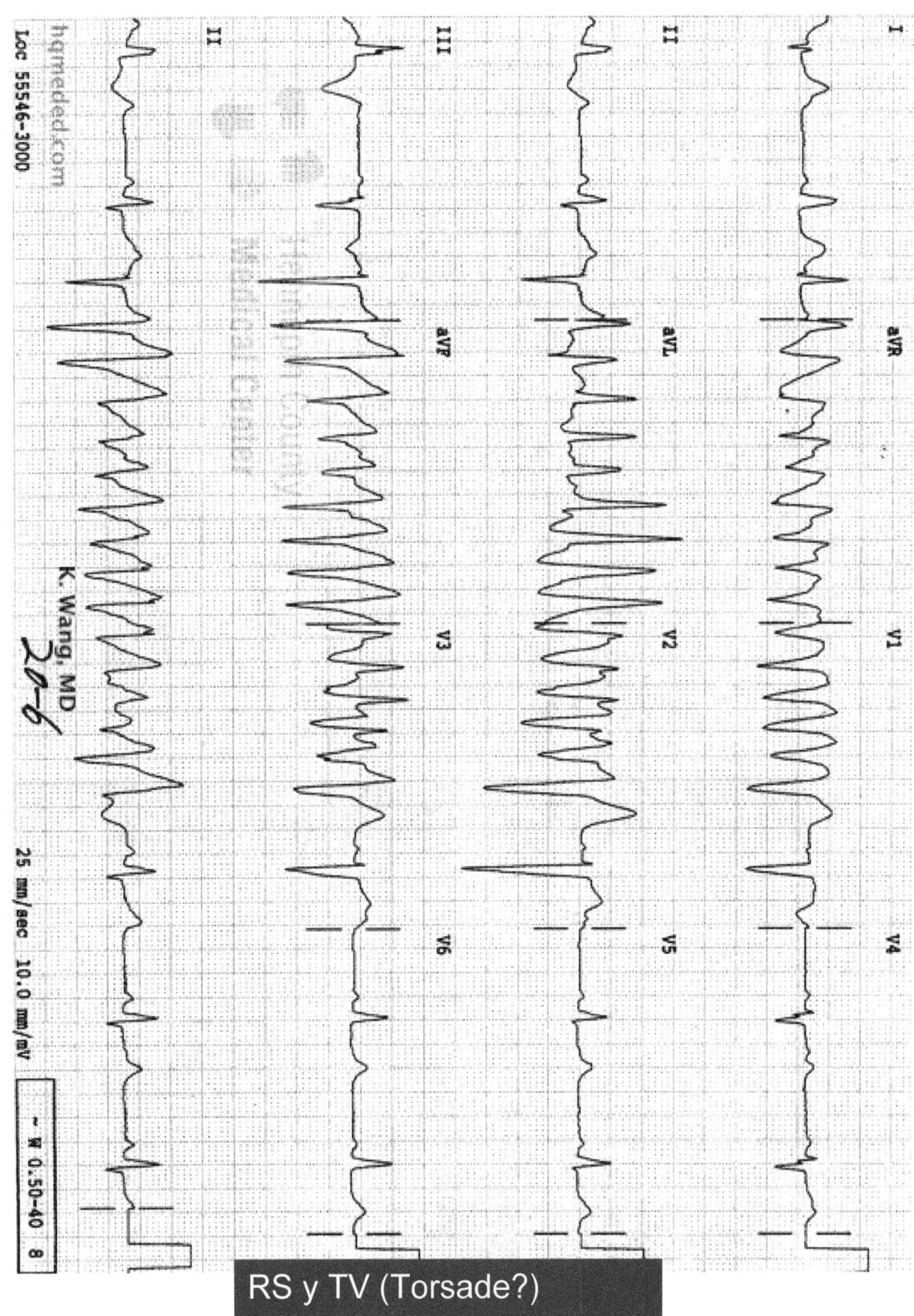

RS y TV (Torsade?)

K. Wang, MD
20-6

25 mm/sec   10.0 mm/mV   ~ W 0.50-40   8

CASO 24

- Ahogamiento por suicidio
- Alteración severa de la coagulación
- Bradicardia

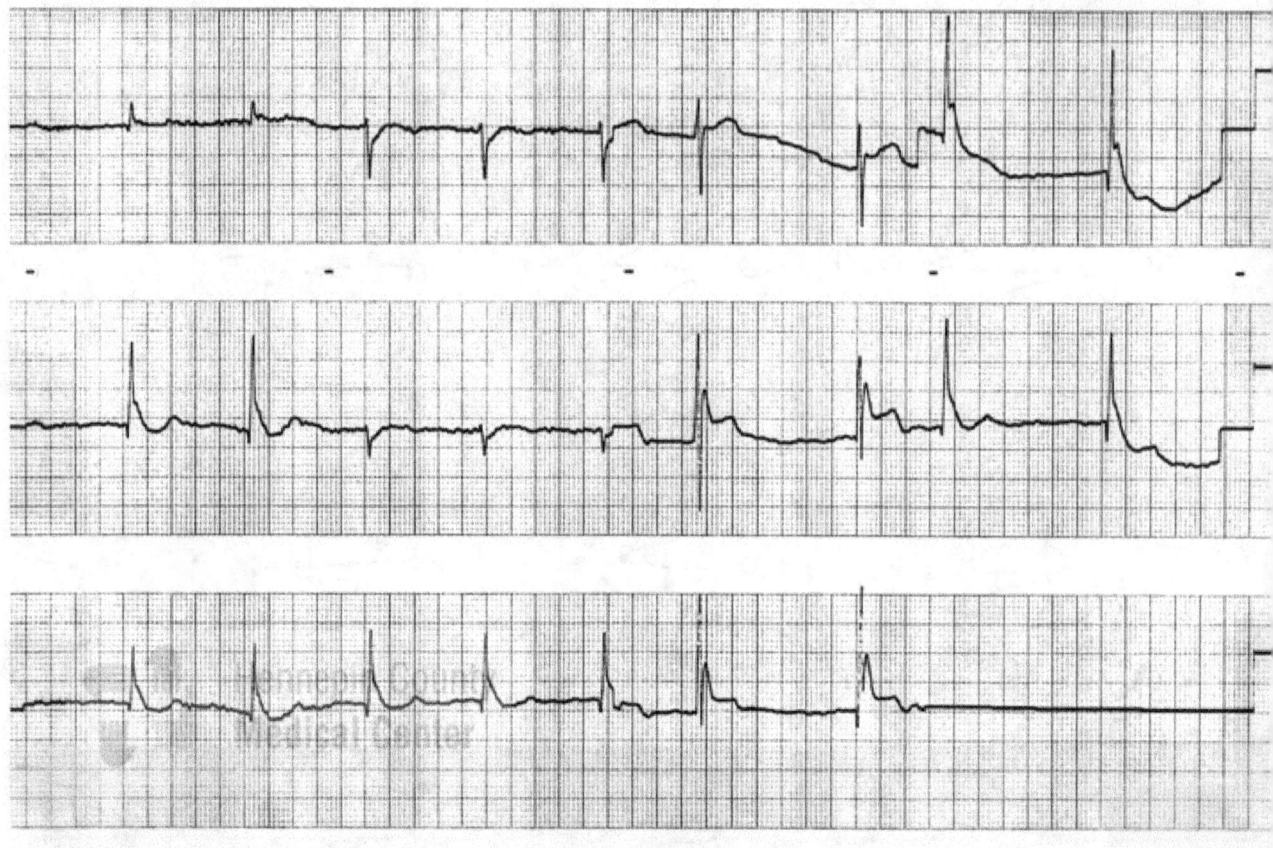

Onda "J" o de Osborn en hipotermia

28-5